公共行政与公共政策研究学术论丛

总主编 丁煌

我国职业安全与健康监管体制创新研究

——基于制度变迁理论的视角

郑雪峰 著

图书在版编目(CIP)数据

我国职业安全与健康监管体制创新研究:基于制度变迁理论的视角/郑雪峰著.—武汉:武汉大学出版社,2013.1

公共行政与公共政策研究学术论丛/丁煌总主编

ISBN 978-7-307-10338-2

Ⅰ.我…　Ⅱ.郑…　Ⅲ.①劳动安全—劳动管理—监管体制—研究—中国　②劳动卫生—卫生管理—监管体制—研究—中国　Ⅳ.①X92 ②R132.2

中国版本图书馆 CIP 数据核字(2012)第 298106 号

责任编辑:张　欣　　　责任校对:黄添生　　　版式设计:马　佳

出版发行:**武汉大学出版社**　(430072　武昌　珞珈山)

(电子邮件:cbs22@whu.edu.cn　网址:www.wdp.com.cn)

印刷:湖北恒泰印务有限公司

开本:720×1000　1/16　印张:14　字数:198 千字　插页:3

版次:2013 年 1 月第 1 版　　2013 年 1 月第 1 次印刷

ISBN 978-7-307-10338-2/X·35　　定价:30.00 元

总　　序

“公共行政”是英文“Public Administration”一词的汉译，在我国大陆地区，为了避免不必要的意识形态上的联想以及对“管理”问题的重视，人们在传统上也习惯于将其称为“行政管理”或“公共行政管理”，自20世纪90年代末以来，随着我国国务院学位委员会新颁布的《授予博士、硕士学位和培养研究生的学科、专业目录》中公共管理一级学科的增设，尤其是公共管理硕士（MPA）专业学位项目在中国的设立和发展，也有人将其译为“公共管理”。

作为一种专门以社会公共事务为管理对象的社会管理活动，公共行政具有十分悠久的历史，无论是在东方国家，还是在西方世界，自古都不乏公共行政的思想。然而，这些早期的公共行政思想因缺乏系统化和理论化而尚未成为一种专门的学科，公共行政真正形成一个相对完整的理论体系，成为一门独立的学科，则是在特定的社会历史背景下于19世纪末20世纪初首先在美国产生，然后迅速扩及西方各国的，其产生的公认标志便是曾任普林斯顿大学校长的美国第28届总统伍德罗·威尔逊于1887年发表在《政治学季刊》上公开主张政治与行政分离，第一次明确提出应该把公共行政当作一门独立的学科来进行研究的《行政学研究》一文。在之后的一百多年里，公共行政学在西方历经初创、演进、深化、拓展等主要阶段的发展历程，日渐成熟，迄今已经成为一门既具有丰富的理论内涵，又不乏重要的实践价值的综合性学科。

在中国，现代意义上的公共行政学起步相对较晚，作为一门独立学科的公共行政学从根本上来说实属“舶来品”，而且，公共行政学在我国的大陆和港台地区的发展情况也有很大的差异。

在我国的香港和台湾地区，由于众所周知的原因，它们的政府管理体制、高等教育体制以及学术研究体制更多地是受到英国和美国的影响，它们高等学校公共行政学专业的人才培养体系基本上是对英美相应专业人才培养体系的沿袭和移植，尤其是它们的专业师资队伍和学术研究队伍大多要求在英美等西方发达国家受过系统的专业学习和训练，他们基本上可以及时地了解英美等西方发达国家公共行政学发展的最新研究成果，客观地讲，我国香港和台湾地区的公共行政学一直都处在对英美公共行政学的跟踪发展过程之中，其公共行政学的发展水平与英美等西方发达国家相差不是很大。

在我国大陆，尽管新中国成立以后中国共产党及其领导的人民政府从我国国情和不同阶段的不同任务出发，对改善我国的行政管理状况作出了巨大的艰苦努力并且积累了一定的行政管理的历史经验和教训，但是，由于众所周知的原因，作为一门学科的公共行政学却在 1952 年我国高校院系调整时与某些学科一样被撤销了。实事求是地讲，这在相当程度上影响了我国政府行政管理科学化的进程，也影响了我国公共行政学的历史积累和发展，更影响了我国公共行政理论与实践的有效结合。

客观地说，在我国大陆，关于公共行政的学科研究是改革开放的产物，公共行政学也是伴随着中国改革开放的进程而勃兴的。1979 年 3 月 30 日，邓小平在理论务虚会上谈到了至今中国政治和行政学界依旧难忘的一段话：“政治学、法学、社会学以及世界政治的研究，我们过去多年忽视了，现在需要赶快补课（邓小平：《邓小平文选》(第 2 卷)，人民出版社 1994 年版，第 180 ~ 181 页)。”

中共十一届三中全会以来，经过拨乱反正，纠正“左”的错误，为政治学、法学、社会学以及行政学等社会科学的恢复和繁荣发展创造了良好的政治条件。1980 年 12 月中国政治学学会的成立，酝酿了恢复和发展公共行政学的氛围，一些研究者开始公开撰文呼吁和讨论有关公共行政学的问题。1982—1984 年我国行政改革过程中暴露出来的缺乏系统的科学行政管理理论指导的缺陷，则对恢复和发展公共行政学提出了现实要求。这就从理论和实践两个方面为恢复和发展公共行政学创造了充分的条件。自此，公共行政学这门学科得到了非常迅速的发展，受到了党和国家领导同志的高度重视。1984 年 8 月，国务院办公厅和当时的劳动人事部在吉林联合召开了行政管理学研讨会，发表了《行政管理学研讨会纪要》。9 月，国务院办公厅正式发文，号召各省、市、自治区政府高度重视公共行政学的研究，并于该年年底成立了中国行政管理学会筹备组，进而开创了公共行政学研究的新局面。1985 年，当时的国家教育委员会决定在我国的高等教育体系中设置行政管理本科专业并且选定武汉大学和郑州大学作为试点高校，并于 1986 年正式招生。随后，在全国范围内很快掀起了一股学习和研究行政管理学的热潮，不少大学和研究单位也相继设置了行政管理学专业或开设了行政管理学课程，同时成立了一批行政管理干部学院，行政管理学甚至被视为我国几千万党政干部的必修课程。1988 年 10 月 13 日，中国行政管理学会正式成立，并且发行了会刊《中国行政管理》，标志着公共行政学作为一个独立学科已获得公认并明确肯定下来，也标志着中国公共行政学的恢复和重建工作初战告捷。进入 20 世纪 90 年代以来，特别是伴随着社会主义市场经济体制的建立和经济全球化进程的加快，我国的公共行政学研究以加速度的节律迅速发展，表现为学科体系、学科分化、应用研究不断扩大和深入，尤其是研究领域开始触及世界公共行政研究的某些前沿问题。可以这么说，改革开放每前进一步都对公共行政学理论提出了新的要求，更推动了中国公共行政学的理论创新和学科发展。

回眸中国公共行政学二十多年的发展历程，我们不难发现，中国的公共行政学从无到有、逐步完善，无论是对西方公共行政学研究成果的引介，还是对中国行政管理学理论体系的探索，无论是对学科基础理论的建设，还是对现实行政管理问题的研究，都取得了可喜的成绩，迄今为止，不仅基本上确立了行政管理学的理论框架，取得了斐然的科研成果，而且还形成了从专科、本科、硕士研究生和博士研究生以及博士后研究等多层次的相对完备的专业人才培养体系，为我国的社会主义现代化建设作出了重要贡献。

鉴于公共行政学在西方起步较早且有长期的理论积累，而且，在对社会公共事务进行管理的公共行政过程中，公共政策愈来愈发挥着重要作用，它通过改变社会公众的预期而激励、约束、引导着其行为；通过制定和实施特定的行为准则而改变、调整和规范社会公众之间的利益关系；通过解决公共问题而维护、增进和分配社会公共利益。正是通过公共政策的有效运作，社会公共生活才能保持稳定和谐的发展局面。不管是在哪种政治体制和政治文化背景下，不仅公共政策是政府实施公共行政的主要手段和方法，而且公共政策的制定和实施都是公共行政管理活动必不可少的组成部分。因此，作为我国最早开办行政管理专业的高校之一，我所在的武汉大学较早地在其行政管理专业的研究生教育中设置了比较公共行政和公共政策的研究方向，尤其是在博士研究生培养层次上，为了拓展行政管理专业博士研究生的“国际视野”和坚持行政管理学科研究的“政策导向”，我本人多年来一直在“比较公共行政管理”和“公共政策的理论与实践”这两个研究方向招收和培养博士研究生，在业已毕业的博士研究生中，有不少学生已经成长为公共行政实务部门的中坚力量和行政管理专业教学与研究机构的学术骨干，本学术论丛所结集出版的研究成果便是我培养的部分博士研究生的博士学位论文。

改革开放以来，伴随着中央向地方以及政府向社会的分权和放权，特别是市场经济体制带来的利益多元化格局的形成，诸如“上有政策、下有对策”，“政策走样”等公共政策过程中的执行问题在我国现阶段已经引起了政界和学界的广泛关注。**定明捷博士的《转型期政策执行治理结构选择的交易成本分析》**一书以“政策执行鸿沟”为对象，以理论分析为起点，以实证研究为支撑，以交易成本理论为分析工具，以乡镇煤矿管制政策为研究案例，借鉴和吸收委托代理、资源依赖等理论观点，详细分析了“政策执行鸿沟”产生的内在机制，从中央政府的角度分析了中央政府是如何选择不同的治理结构来消解“政策执行鸿沟”现象的，着重阐释了中央政府选择治理结构的理论依据及其效果。该书的研究表明，虽然转型期频频出现“政策执行鸿沟”现象，中央政府仍然有能力应对地方政府选择性执行中央政策的行为，尤其是那些被中央政府优先考虑的政策领域。而且，作者在书中在对中央政府在政策执行治理结构调整方面的不完善之处进行深入剖析的基础上提出了颇具参考价值的政策建议。

协调是组织高效运行的必要前提，政府组织更不例外，协调的缺失不仅会导致政府组织产生功能和权力及资源等碎片化，而且更会产生信息不对称、条块分割、各自为政、孤岛现象及信任危机等阻碍政府组织整体性运作和绩效提升的棘手问题。**曾凡军博士的《基于整体性治理的政府组织协调机制研究》**一书在广泛吸收和借鉴学界相关研究成果的基础上，恰当地运用当代公共行政与公共政策研究领域的最新成果——整体性治理及其相关理论为分析工具，基于对政府组织协调困境之表象和生成机理的阐释和对政府组织协调困境之救治策略的勾勒，建构起由整体性结构协调机制、整体性制度协调机制和整体性人际关系协调机制组成的整体性政府组织协调机制。

新疆生产建设兵团是我国在特定的社会历史背景下产生的一种特殊的行政管理体制，改革开放以来，随着我国经济社会体制的转型，传统意义上的兵团体制愈来愈面临着新的挑战。**顾光海博士的《现代组织理论视阈下兵团体制转型研究》**一书以理论分析为起点，以实证研究为支撑，以新制度主义组织理论为基础，借鉴和吸收自然选择理论、资源依赖理论的观点，以组织同构理论为基本分析工具，对新疆生产建设兵团体制的发生机制、成长机制以及转型路径进行了系统的分析和深入的研究。作者在广泛的实证调查和深入的理论分析基础上认为，作为党、政、军、企合一的特殊性组织，新疆生产建设兵团是履行屯垦戍边使命的有效载体，尽管兵团的特殊体制会伴随着其屯垦戍边的历史使命而继续存在和发展下去，但是这种体制需要调整和改革，以适应环境的变化；兵团体制的转型要在保持兵团基本体制大框架不变的原则下进行，兵团体制应从宪政制度、功能重心、组织管理结构和运行机制等方面进行调整和改造；特别建制地方政府模式可以成为兵团体制转型的方向选择。

湖泊水污染防治是一个世界性难题，更是一个典型的跨域公共治理问题。**叶汉雄博士的《基于跨域治理的梁子湖水污染防治研究》**一书以位于武汉城市圈腹地的全国十大淡水湖之一——湖北省梁子湖水污染防治为例，对当今世界日益增多且错综复杂的跨区域、跨领域、跨部门社会公共事务管理问题进行了颇具价值的探讨。作者基于对跨域治理理论的系统梳理，客观地描述了梁子湖水污染防治的现实状况，深入地剖析了梁子湖水污染防治困难的根本原因，正确地借鉴了国内外湖泊水污染防治的成功经验，系统地探讨了梁子湖水污染跨域治理的对策建议。作者沿着“现状——原因——对策”的逻辑主线，通过对梁子湖水污染防治的实证研究，全面地阐释了跨域公共事务在治理主体、治理信任度、治理合作等方面存在的问题及原因，有针对性地提出了解决跨域公共治理问题的路径选择。

当前，我国各类安全事故此起彼伏，人员伤亡极其惨重，这一严峻的职业安全与健康形势不仅引起了政界的高度关注，而且形成了学界的研究热潮。**郑雪峰博士的《我国职业安全与健康监管体制创新研究》**一书以我国现阶段严峻的职业安全与健康形势为背景，以制度变迁理论为分析工具，从组织结构设置、职能划分、权力配置和行政运行机制等四个维度，全面梳理了我国职业安全与健康监管体制从计划经济时代到市场经济时代的变迁历程，客观描述了现阶段我国职业安全与健康监管体制存在的主要问题，并在此基础上恰当地运用由戴维·菲尼总结的制度安排的需求和供给分析框架，系统地分析了影响我国职业安全与健康监管体制创新的制度需求因素和制度供给因素以及我国职业安全与健康监管体制由非均衡状态向均衡状态变迁的内在动力、变迁主体、变迁方式及变迁过程，进而科学地提出了我国职业安全与健康监管新体制的制度设计框架及其具体实现路径。

当下，中国的城市化已进入了加速期，工业化创造供给，城市化创造需求，城市化有助于解决中国经济长期以来依赖出口，内需不振的问题。**洪隽博士的《城市化进程中的公共产品价格管制研究》**一书基于对城市与城市化概念的内涵界定和对工业化与城市化之间的关系阐释，得出了城市化是经济社会发展的必然趋势，总结了中国城市化出现的环境污染、交通拥挤等主要问题，进而引申出价格管制政策在城市化进程中的重要作用。作者认为，随着广大市民对公共产品的需求持续上升，政府可以通过科学的价格管制来保证公共产品的有效提供及服务质量的改善，科学的价格管制能够有效增加公共产品供给，运用差别价格政策可控制和平衡有效需求。在作者看来，价格管制属于政府经济性管制的一种重要形式，它的理论基础主要是公共产品理论、政府管制理论、博弈论以及激励性管制理论等，用者付费则把价格机制引入公共服务中。作者力图从公共管理而不是经济学的角度去研究价格管制问题，他不仅提出了解决城市化过程中出现的环境污染、交通拥挤等问题需要双向思维——增加公共产品的供给和减少有效需求等创新观点，而且强调指出，只有发挥价格机制在城市基础设施、公交优先、环境保护方面的积极作用，引入竞争和激励机制，促进企业加强成本约束，才能推进城市的可持续发展。

社区是社会的细胞，是建设和谐社会的基础。随着经济社会的发展和城市化进程的加快，城市的范围在不断扩大，“村改居”社区数量也在不断增加。“村改居”社区如何治理，不仅成为新形势下社区管理工作者必须解决的难题，更是我国现阶段社会管理体制创新的重要内核。**黄立敏博士的《社会资本视阈下的“村改居”社区治理研究》**一书是运用当代公共行政与公共政策研究领域流行的社会资本理论探讨“村改居”社区治理的一项实证研究。作者认为，社会资本是一个具有概括力和解释力的概念，尤其是对于以“差序格局”和熟人关系网络为特征的“村改居”社区具有天然的契合，社会资本是“村改居”社区中最重要的传统因素，它在“村改居”社区治理中发挥着重要作用。在本书中，作者通过对深圳市宝安区的“村改居”社区在其社区治理体制变革前后变化的实证研究，系统地考察了在“村改居”社区治理过程中，社会资本如何发生影响和作用，“居站分设”模式下社会资本出现怎样的变化，这些变化带来哪些影响，进而揭示过渡型的社区——“村改居”社区治理中社会资本的重要性，最后得出结论：保持“村改居”社区社会网络，借助“村改居”的社会资本，加大对“村改居”社区建设的投入，实行以党组织为核心的多组织共治，是“村改居”社区推进公众参与和节约政府管理成本，实现社区善治的共赢途径。

在此需要强调指出的是，作为这套学术论丛中各位作者的博士指导教师，一方面，我为他们顺利地完成博士研究生学业、通过博士学位论文答辩并获得博士学位，尤其是能够在博士论文基础上出版专著，由衷地感到欣慰和自豪；另一方面，我所能给予他们的更多的是基于我职业经验的“两方”指导，即“研究方向”和“研究方法”方面的指导，至于每一篇博士论文的主题研究领域，具有专门研究的各位作者才是真正拥有“话语权”的“专家”，我衷心地祝愿各位作者继续在各自的专长领域不懈努力，取得更多、更辉煌的成就！

最后，作为这套学术论丛的总主编，我非常感谢武汉大学出版社领导王雅红女士以及胡国民先生等各位编辑为本套丛书的编辑和出版所付出的宝贵心血；我还真诚地希望读者能够给我们提供宝贵的批评意见，以推动我们在人才培养和科学研究方面有新的突破；作为公共行政与公共政策研究领域的一名学者，我坚信，伴随着我国改革开放和社会主义现代化建设事业的进一步推进，作为一门方兴未艾的学科，公共行政学必将在理论研究、学科发展、人才培养、为党和政府提供决策咨询和智力支持等方面继续焕发出勃勃生机，显现出更为强大的生命力，发挥出更加重要的作用！

丁　煌

2013 年元旦于珞珈山

前　言

当前，我国各类安全事故频发，伤亡极其惨重，这一严峻的职业安全与健康形势不仅引起了中央政府的高度关注，在学界也形成了一股研究的热潮。本书首先从组织结构设置、职能划分、权力配置和行政运行机制四个维度，全面梳理了我国职业安全与健康监管体制从计划经济时代到市场经济时代的变迁历程，总结了现阶段我国职业安全与健康监管体制存在的主要问题。在此基础上，本书从制度变迁理论的视角，采用由戴维·菲尼总结的制度安排的需求和供给分析框架作为主要的理论工具，分析了影响我国职业安全与健康监管体制创新的制度需求因素和制度供给因素以及我国职业安全与健康监管体制由非均衡状态向均衡状态变迁的内在动力、变迁主体、变迁方式及变迁过程。本书最后根据分析得出了基本结论，提出了我国职业安全与健康监管新体制的制度设计框架及其具体实现路径。

本书认为，推动我国职业安全与健康监管体制创新的主要制度需求因素为：(1) 宪政秩序的变化——执政党以人为本科学发展观执政理念的提出、建设服务型政府为目标的新一轮行政体制改革的开启、分权化改革导致的各级地方政府制度创新能力和公共服务能力的增强；（2）产品和要素价格的相对变化——人的生命经济价值的显著提升；（3）技术的变化——安全防护装备和防护技术的进步；（4）市场规模的扩大——多元利益主体格局的形成。同时，促进我国职业安全与健康监管体制创新制度供给的主要因素为：（1）宪政秩序——执政党以人为本科学发展观执政理念的提出、建设服务型政府为目标的新一轮行政体制改革的开启、我国中央集权的单一制国家结构形式使得中央政府具有较高的行政权威；（2）上层决策者的预期收益——中央政府在制度变迁过程获得的预期政治收益足够大；（3）现有知识积累和社会科学知识的进步；（4）公众的态度——公众对我国严峻的职业安全与健康形势的厌恶等。阻碍我国职业安全与健康监管体制创新制度供给的主要因素则为：（1）现行的制度安排的路径依赖效应——现行的政府治理模式、中央与地方的权力配置制度、绩效考核制度、激励和约束制度等；（2）职业安全与健康监管新体制的制度设计成本；（3）实施监管新体制的预期成本；（4）规范性的行为准则和文化因素的影响——落后的行政理念和行政文化。

本书也认为，我国职业安全与健康监管体制变迁的主体是中央政府，变迁的方式是强制性变迁方式，变迁的动因主要为两种：一是危机意识；二是利益预期。我国职业安全与健康监管体制创新的过程是一个从制度非均衡到制度均衡再到制度非均衡的周而复始的过程。

本书还认为，我国职业安全与健康监管新体制的制度设计，应结合以上的理论分析，从组织结构设置、职能定位和职能划分、权力配置和行政运行机制四个维度，全面摈弃我国现有职业安全与健康监管体制存在的弊端，并从转变职业安全与健康监管行政理念、建立多元主体共同参与和互动合作的网络状职业安全与健康治理新模式、改革阻碍我国职业安全与健康监管体制创新的现有制度安排三个方面来全面实现我国职业安全与健康监管体制的创新。

目　　录

图表目录

图 目 录

表　目　录

第一章

导　论

第一节　研究的背景和意义

一、研究的背景

改革开放以来，随着社会主义市场经济体制的逐步确立，我国经济和社会面貌发生了翻天覆地的变化：国民经济快速增长，综合国力大幅提升，经济总量今年第二季度已超过日本跃升到世界第二位①，人民的生活水平正由温饱向小康跨越。然而，在经济高速发展的背后，却存在一个人们不愿看到的事实：我国各类安全事故频繁发生，伤亡极其惨重。以 2008 年为例，全国共发生各类安全事故 413752 起，死亡 91172 人；其中发生一次死亡 10 人以上的重大

① 数据显示中国超过日本成为全球第二大经济体，参见 http://www.022net.com/2010/8-16/483458262967619.html。

和特大事故97起，死亡1971人①。这些数字的背后，是一个又一个鲜活生命的陨落，是一个又一个幸福家庭的破碎。据笔者统计，改革开放以来，我国工矿商贸企业安全生产事故死亡人数发展趋势如下图所示（图1-1-1）：

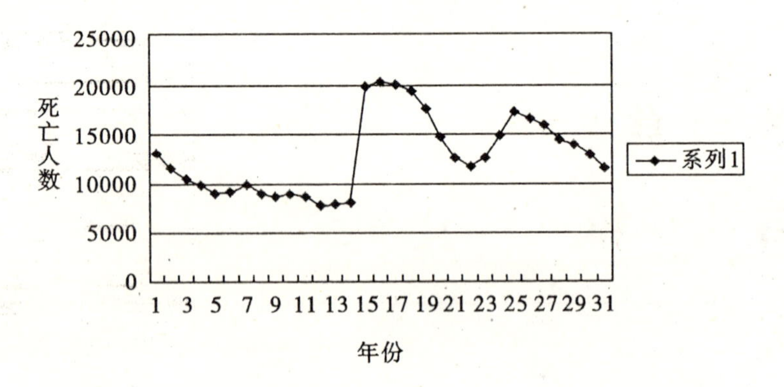

图1-1-1　1979—2009年我国工矿商贸企业职工死亡人数统计图

（数据来源：《中国安全生产年鉴》(1979—1999)、(2000—2001)、(2002)、(2003)、(2004)、(2005)、(2006)、(2007)及国家安全生产监督管理局网站安全分析栏目，为便于统计，统一采用工矿商贸企业职工死亡人数进行对比分析。由于1992年前工矿商贸企业职工死亡人数统计范围是国营企业和县以上大集体企业，从1993年开始，统计范围扩大到乡镇私营企业，因此图形上显示从1993年开始有一个大的跃升。）

从上图我们可以看出，我国工矿商贸企业职工死亡人数在1994年达到历史顶峰后，随后呈现总体下降趋势，但从2000年开始，又出现了一次反弹，从2003年出现次高峰后开始，再次呈现逐年下降的趋势。笔者也对2000—2008年我国职业病报告病例专门作了统计（如图1-1-2所示），从统计中我们可以看出，我国的职业危害一直在高位运行，暂时还看不出好转的迹象。

把我国的工矿商贸企业职工死亡人数图与英国（图1-1-3）、日

① 参见《安全生产统计简报》，2008年第12期，国家安全生产监督管理总局网站。

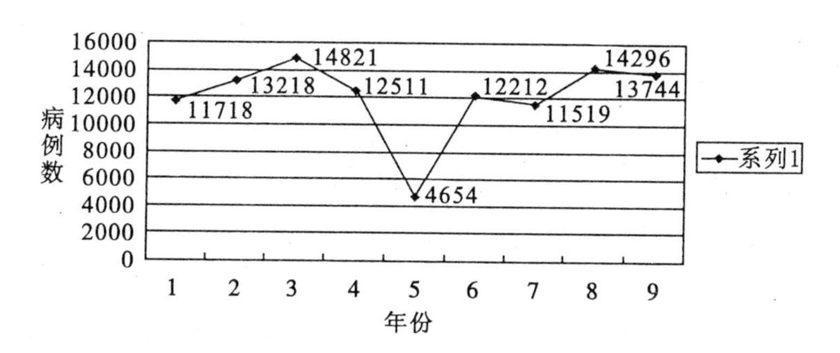

图 1-1-2 2000—2008 年我国职业病报告趋势图

（数据来源：《中国安全生产年鉴》(2003)、(2004)、(2005)、(2006)、(2007) 及中华人民共和国卫生部网站，其中 2004 年的数据只汇总了 17 个省、自治区、直辖市的数据，其他汇总的是 30 个省、自治区、直辖市，但不包括西藏自治区、香港特别行政区、澳门特别行政区和台湾地区，因此 2004 年的数据不能与其他进行类比）

本（图 1-1-4）等一些发达国家进行对比，则能说明我国当前职业安全与健康的整体状况。

从以上趋势图我们可以看出，目前我国的职业安全与健康状况从 1994 年开始虽有一定好转，但远远没有实现根本的好转。现阶段我国职业安全与健康形势依然十分严峻，主要体现在以下几个方面：（1）事故总量和死亡人数总量相当大。据国家安全监管总局公布的数字，进入 21 世纪的前 9 年，我国因各类安全事故死亡的总人数平均每年在 10 万人左右，这是一个相当惊人的数据。（2）重大、特大事故频繁发生，死伤惨重。仅以 2005 年为例，全年共发生一次死亡 30 人以上的特大事故 17 起，死亡 1197 人，平均每月要发生 1.42 起。其中一次死亡 100 人以上的事故就有四起，分别是辽宁阜新矿业（集团）有限公司孙家湾煤矿“2 · 14”特大事故，死亡 214 人；黑龙江龙煤集团七台河分公司“11 · 27”爆炸事故，死亡 171 人；广东省梅州市大兴煤矿“8 · 7”透水事故，死亡 121 人；河北唐山市开平区刘官屯煤矿“12 · 7”瓦斯爆炸事

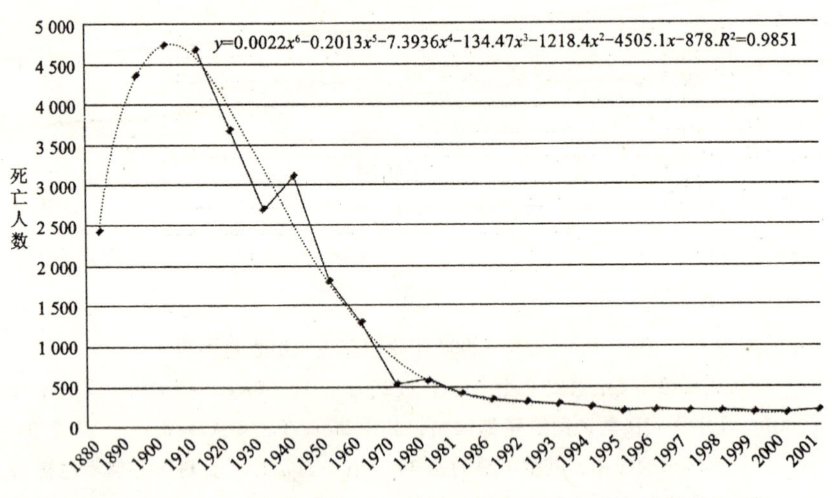

图 1-1-3 1880—2003 年英国工业事故死亡人数阶段发展变化趋势图

故，死亡 108 人。① （3） 随着经济的快速发展，职业危害已成为影响职工生命健康的突出问题。原卫生部副部长蒋作君 2005 年在全国职业病防治电视电话会议上指出："当前我国职业病危害形势依然严峻。自 20 世纪 50 年代我国建立职业病报告制度以来，已累计报告 58 万多例，其中死亡 14 万多例，每年新增尘肺病例约 10000 例……劳动者因职业病返贫、致贫的情况在一些农村大量存在，甚至发生因职业病纠纷处理不当而堵塞道路、罢工、游行等影响社会和谐和稳定的事件。职业病危害已经成为一个重大的公共卫生问题和社会问题。"据卫生部统计，2008 年新发各类职业病共 13744 例，其中，尘肺病病例达 10829 例；急性职业中毒病例 760 例；慢性职业中毒 1171 例；职业性肿瘤 39 例；职业性耳鼻喉口腔疾病等

① 数据来自国家安全生产监管总局网站事故查询栏目，参见 http：//media. chinasafety. gov. cn：8090/iSystem/shigumain. jsp。

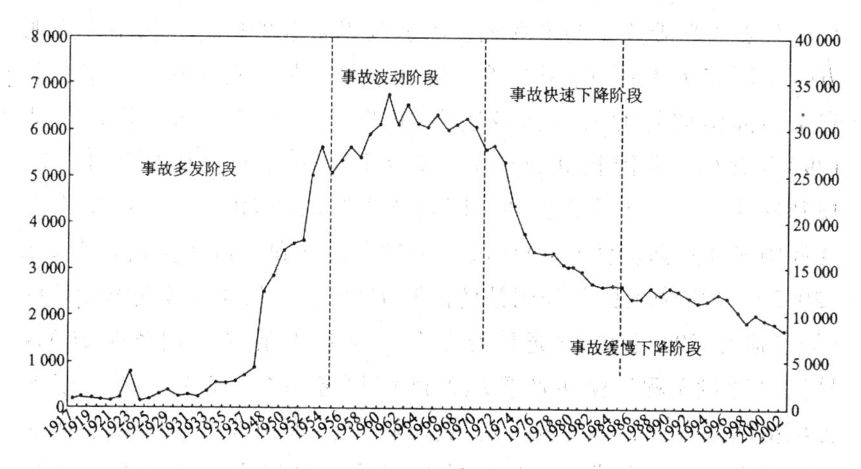

图 1-1-4　1917—2002 年日本职业死亡人数发展变化趋势图

（以上图 1-1-3、图 1-1-4 摘录自：钟群鹏、吴素君等：《我国安全生产工作的体制、机制和自主创新的若干思考及建议》，载《中国安全生产科学技术》2006 年 6 月第 2 卷第 3 期，第 4 页）

945 例①。（4）我国的职业安全与健康状况从整体上看还处在事故和危害的高发和易发阶段，与发达国家已经处于事故和危害低发的稳定阶段相比还有相当大的差距。

二、研究的意义

近年来，党中央、国务院为扭转我国职业安全与健康监管工作的被动局面，分别于 1998、1999、2000、2001、2003、2004、2005、2008 年先后 8 次调整我国职业安全与健康监管体制，并最终专门成立了国家安全生产监督管理总局，总揽全国的职业安全与健康监管工作；地方各级人民政府也建立了各级地方安全生产监督管理机构，来负责地方职业安全与健康的综合管理工作。目前我国基本形成了由各级安全生产监督管理部门负责综合管理职业安全与

① 参见卫生部办公厅 2009 年 5 月发出的《关于 2008 年全国职业卫生监督管理工作情况的通报》（卫办监督发［2009］86 号）。

健康工作，其他各行业主管部门负责专业安全监督管理工作的格局。伴随着职业安全与健康监管机构建设加强的同时，从中央到地方也不断充实和加强职业安全与健康监管力量，目前我国从事职业安全与健康监管的人员已经达到40100人左右①。与此同时，从1998年开始，我国相继颁布了一系列职业安全与健康的法律、法规和标准，如《中华人民共和国安全生产法》(2002)、《中华人民共和国职业病防治法》(2001)、《中华人民共和国道路交通安全法》(2003)、《中华人民共和国消防法》(1998)、《煤矿安全监察条例》(国务院令296号)、《危险化学品安全管理条例》(国务院令344号)、《建设工程安全生产管理条例》(国务院令393号) 等，以上各项措施的采取，表明我国已初步建立起了职业安全与健康方面的管制体系。客观上讲，这些措施的采取，也起到了一定的管制效果。从2003年开始，虽然我国的GDP总量每年以10%以上的速度增长，但各类安全事故造成的死亡人数并没有同时呈现出增加的趋势，而是表现为逐年下降。但这种下降的趋势，并不能说明当前我国已进入事故快速下降阶段，正如前面所述，与国外发达国家相比，我国目前仍然处在各类事故易发、高发的历史阶段，差距还比较大。我国现阶段的职业安全与健康监管工作还仅仅停留在控制伤亡人数尤其是死亡人数的初级阶段，对在工作场所的职业健康保护问题，例如电脑屏幕前的辐射影响、办公室的桌椅选择及坐姿正确与否等事关公民健康的保护问题基本还无暇顾及，离欧美发达国家(如英国、美国) 对工作场所安全与健康两者的精细管理还相距甚远。

当前我国正处在全面建设小康社会的新的发展阶段。胡锦涛同志在党的十七大报告中指出，在新的发展阶段继续全面建设小康社会、发展中国特色社会主义，必须坚持以邓小平理论和“三个代表”重要思想为指导，深入贯彻落实科学发展观。科学发展观的

---

① 梁嘉琨：《完善安全生产监管体制的若干思考》，载《安全与健康》2006年第19期，第21页。

核心是“以人为本”，“以人为本”首先应该以人的生命权和健康权保护为本。无数的安全事故对人民生命的无情剥夺无疑与科学发展观的要求是背道而驰的，也是与我党“以人为本”的执政理念不相适应的。因此，在我国切实保护好人的生命安全与健康，不仅事关执政党“以人为本”执政理念的贯彻落实，而且关系到全面建设小康社会的伟大事业。也正是在这种时代背景下，基于我国目前严峻的形势，我们不得不重新审视我国现行的职业安全与健康监管体制及具体监管政策，以期找出存在的问题，并针对存在的问题提出相应的改革措施，从而提高我国监管的绩效。本书将研究的重点主要放在对我国职业安全与健康监管体制的考察上，希望通过对我国职业安全与健康监管体制的创新，达到提高监管绩效，切实保障人民群众的生命安全与健康的目的。

第二节 国内外既有研究综述

一、职业安全与健康监管研究文献综述

（一）国外职业安全与健康监管研究文献综述

20 世纪 70 年代以来，发达国家开始进行职业安全与健康监管方面的理论研究，并且通过制定法律和建立职业安全与健康监管部门来加强对工作场所安全与健康的监管，这一时期之后，职业安全与健康监管理论方面的研究也逐渐火热起来，归纳起来，主要有如下三方面：

1. 政府职业安全与健康监管有效性研究

亚当·斯密（Adam Smith）是最早对职业安全与健康问题进行研究的，他指出，工人将会要求那些可感觉到的风险或者不愉快工作的级差工资报酬。其含义是，如果工人意识到自己工作中将面临风险且缺乏有效保障时，他们将会向雇主要求相对较高的工资作为风险补偿。但是，由于信息不对称的存在，很多安全风险是不易被工人观察到的。信息不对称导致的市场失灵使得市场机制无法规避职业安全与健康损害风险。谢林（T. Schelling）指出，工作场所中

安全风险归属于政府监管的范围。由此，工作场所的安全与健康问题引起了政府监管部门的注意，例如，美国在 1970 年成立了联邦职业安全与健康管理局（Occupational safety and Health Administration，简称 OSHA），该部门对联邦各州职业安全与健康问题进行统一监管。

然而，学者们对政府监管措施有效性的研究始终存在一些争议。从政府监管部门设立的目的来看，其职能是对企业进行职业安全与健康监管，主要监管内容为降低劳动者的职业劳动风险，改善工作场所的条件，并对违规企业进行处罚和纠正。目前从国外学者的理论研究来看，从不同角度对政府监管有效性进行研究有时候甚至得出了截然相反的结论。

部分学者认为政府的监管有效地降低了职业安全与健康风险。库克（W. Cooke）和冈奇（F. Gantschi）的研究得出了这样的结论，20 世纪 70 年代美国缅因州的制造业厂商因事故造成的工作日损失有明显下降，这源于政府监管的有效性。如瑟（J. W. Ruser）等人对政府监管的作用进行了研究，他们认为，20 世纪 80 年代政府监管对职业安全与健康伤害降低的比例为 5% ~14%。巴特尔（A. Bartel）等人从微观层面对政府监管的有效性进行了考察，他们认为对企业的有效监管将使工作场所的事故发生率大幅下降。路易斯-贝克（Michael S. Lewis-Beck）等人对美国煤炭生产行业的职业安全与健康情况进行了研究，他们认为当政府把监管政策与高风险行业对应起来，那么监管将更有效率。格雷（Gray）和蒙德洛夫（Mendeloff）以 1979—1998 年的历史数据为样本，对 OSHA 的职业安全与健康监管效果加以考察，他们的研究发现 OSHA 在减少职业安全与健康伤害事故上起到了正面作用，只是随着时间延续效果有所减弱。但是，另一些学者对政府在职业安全与健康监管中的有效性则存在质疑。同样是维斯库斯（W. Kip Viscusi），在他另一项对美国政府的职业安全与健康监管绩效的研究中指出，监管政策似乎并未有效降低劳动者的工作风险。学者们对于政府职业安全与健康监管有效性的质疑还源于对监管俘获的忧虑。在职业安全与健康监管实践中，监管者和被监管者往往面临着公私利益的权衡和博弈，监管者很可能为被监管者所提供的个人私利所俘获。格林伯格（Edward S. Greenberg）通过研究政府对煤矿行业的监管后认为，监管者和企业同时面临着公共安全和个人利益的选择，二者的博弈贯穿于煤矿职业安全与健康监管过程之中，当被监管者的力量足够大，政府也可能被俘获，其所制定的监管政策也不可避免地被监管者所左右 。凯瑟（K. Robert Keiser）也认为，虽然监管政策的制定具有一定公正性和独立性，但是监管政策的实施却容易受到利益集团的干扰，当监管部门需要被监管企业或行业的政治支持时，就更容易被利益集团所俘获。

研究者们评价政府监管效果的通常方法是将政府的监管政策与微观层面的数据（主要是职工在工作中的伤亡率）联系起来，通过分析二者之间的相关关系来判断政府的监管效率。然而，随着对职业安全与健康监管研究的深入，人们越来越意识到政府监管政策的实施并不是影响职业安全与健康状况的唯一变量，因为伤亡率是受到多方面因素影响的，这同经济分析中其他领域的研究相似，单纯考虑两个变量之间的一对一关系，分析结论难免有失偏颇。卡瑞（Cary Coglianese）和纳什（Jennifer Nash）等人的研究表明，安全事故的发生不仅受到政府监管行为的影响，还受到多方面因素的干扰。所以，在评价政府监管绩效的时候，必须对影响事故发生的其他因素给予充分的考虑，这样才不至于影响评价的公正性。

从监管策略上看，世界主要发达国家通常会根据风险程度不同进行行业细分，对不同的行业采取差异性的政策。这种做法的原因在于，相对于职业安全与健康问题的发生，政府的监管资源总是相对稀缺的。根据经济学的一般原理，稀缺的监管资源在风险不同的行业其边际效用也有所不同，将有限的监管资源更多地投入到风险相对较高的行业中去，使监管资源得到更优配置，这种做法可以使政府的监管效能发挥到最大。

2. 职业安全与健康监管的成本——收益研究

随着职业安全与健康监管实践的发展，政府对监管的投入越来越大，这引发了广大学者对政府监管政策实施的成本——收益分析研究。政府的财政收入受到多方面的约束，尽管职业安全与健康监管投入符合广大人民的利益，但是监管资源并不能无限制地投入，因此在监管实践中必须考虑成本问题。

由于监管成本方面的优势，事故补偿已经成为当前最为广泛应用的一种经济性激励手段。摩尔（Michael J. Moore）和维斯库斯（W. Kip Viscusi）的研究表明，一旦企业没有事故赔偿的约束，导致死亡的安全事故发生率可能上升20%以上。维斯库斯在其专著《关键权衡：社会与个人对安全风险的责任》中对人生命的价值、社会和个人对安全风险的反应、安全风险监管等问题进行了详细分析。他认为，安全与健康水平主要受到三方面的影响和支配：市场、由安全与健康管理机构对危险水平的直接监管以及工人抚恤金导致的安全激励。市场、监管部门的直接监管是为工作场所安全监管提供一个具体的客观环境，而由工人抚恤金所导致的经济性激励则是安全与健康监管的内在动力。也有人指责说，伤亡赔偿会导致工人的“道德风险”问题，工人会在存在伤亡补偿的前提下，放松工作中的安全警惕性。维斯库斯则不同意这一说法，他认为：赔偿数额的增加可能会在一定程度上增加小事故的发生率，但是会减少死亡事故的发生率。因为在死亡事故中几乎不存在“道德风险”，生命不可复制，没人愿意用生命与高额死亡赔偿进行交换。

此外，负激励政策也是政府职业安全与健康监管的一种常用方法。通常政府会对违规企业实行高额罚款，约束企业保证足够的安全投入。通过罚款的方法可以提高企业的违规成本，进而提高企业的安全投入水平，减少工人的劳动风险。Viscusi的实证分析表明，适度的罚款数量将提高企业职业安全与健康水平，而过于严厉的罚款则可能会导致企业的投机行为。

除此之外，在职业安全与健康监管方面还有一些其他的经济性激励方式，例如欧洲一些国家采取了诸如社会保险补助、税收优惠、项目资助等方式，对企业改善职业安全与健康条件、降低工人职业伤害的行为加以鼓励，同样取得了有效的成果。

随着实践的深入，世界各国的职业安全与健康监管模式正逐步由原来的政府强制执行、企业被动接受向监管主体多元化转变。这些主体不仅包括政府监管部门和企业两个方面，还加入了代表维护劳动者权益的工会组织及提供服务的各种社会中介组织。各种研究已经表明，工会在改善职业安全与健康监管绩效方面发挥了积极的作用。美国在对20世纪早期的煤矿开采工作进行研究后表明，工会能够将事故发生率降低40%左右，而且工会在煤矿层面最为有效，可能是这样的安排有助于矿工拒绝在危险的工作场所工作。

3. 职业安全与健康监管的对策研究

对政府职业安全与健康监管具体对策的研究，也是国外学者们的一个聚焦点。例如欧盟许多国家的职业安全与健康监管政策已经发生了巨大转变，这种转变主要体现在两个方面：一是改变过去那种过细的职业安全与健康技术性条款规定，将这种规定转变为简洁的大纲式条款规定，以利于企业的具体操作；二是把对企业安全责任人应该达到的各种规定转变为实施职业安全与健康的科学管理系统①。佩德罗（Pedro）等学者通过故障树模型对北欧的船舶安全事故进行分析发现，对工人进行职业安全与健康培训，培养职业安全与健康文化氛围，加强安全宣传都有利于降低人为因素带来的事故率②。1931年，海因里希（W. H. Heinrich）提出了事故因果连锁论。他指出，所有事故中88%以上是由于人们的不安全行为引起，10%由物的不安全状态引起，2%由于不可抗因素引起。海因里希的事故因果连锁论，提出了人的不安全行为和物的不安全状态是导致事故发生的直接原因。该理论对于工人安全行为和设备设施安全状态的关注，对于政府职业安全与健康监管部门如何有针对性地采取措施预防事故的发生具有非常重要的作用。维斯库斯经过反复研究后指出，当企业改善工人的工作条件，提高企业的职业安全与健康管理水平后，工人的职业安全与健康努力程度会下降③。因

① 参见谢地等：《规制下的和谐社会》，经济科学出版社2008年版，第169～170页。

② 参见王磊：《中国职业安全规制改革研究》辽宁大学2009年博士学位论文，指导教师：林木西。

③ 参见王致兵：《劳动安全监管的经济学分析》，吉林大学2009年博士学位论文，指导教师：谢地。

此，很多学者根据这一结论再作进一步的研究后认为，提高职工自身安全意识要比外部劳动条件的改善及监管政策的完善有效得多。

从总体上看，对职业安全与健康监管的理论研究，国外学者比较侧重于职业安全与健康监管的有效性研究，而对政府职业安全与健康监管的动因、政府监管部门自身的职能划分、组织结构设置、权力配置及行政运行机制等监管体制方面的研究则较为欠缺。

（二）国内职业安全与健康监管研究文献综述

我国对职业安全与健康监管理论的研究起步较晚，“职业安全与健康”（Occupational Safety and Health）这一词引入中国也是20世纪80年代后期的事情，但到目前为止，我国无论是政府还是学界对这一概念也依然没有形成一致性的意见。从总体上看，国内对职业安全与健康监管的研究主要集中在以下几个方面：

1. 职业安全与健康监管体制改革研究

政府作为监管主体，应该确立何种职业安全与健康监管体制是国内学者研究的一个重要领域。谢地等人的研究指出，目前我国职业安全与健康监管体制主要存在以下问题：一是监管主体不明、监管职能分散。从国外监管经验看，各国的监管部门职能明确，如美国的职业安全与健康管理局、澳大利亚的职业安全与健康委员会、日本的厚生劳动省等，都是专门负责职业安全与健康监管的政府职能部门。在我国，职业安全与健康监管职能却由国家安全生产监督管理总局、卫生部、住房和城乡建设部、劳动和社会保障部、国家质量技术监督局、交通运输部等多个部门负责。这些监管部门在各自的职责范围之内开展工作，责任不明晰，职能相互交叉，缺乏相互之间的配合。二是不规范的机构设置导致基层监管缺乏权威。王绍光对新中国成立以来中国煤矿安全监管体制演进的情况进行研究和分析后指出，政府监管力度大小与煤矿死亡率的高低之间存在负相关关系，政府的安全监管对减少安全事故的发生作用明显。他运用大量历史数据对中国的煤矿事故发生率与其他发达国家进行对比，指出中国煤矿死亡率过高的原因在于非国有产权煤矿数量的大幅增长。另外，他还指出了中国监管体制存在的问题。他认为缺乏高素质的监管人员是中国监管体系的薄弱环节。他对中国职业安全与健康监管体制的总体评价是：为了适应产权结构的变化和市场化改革，中国政府正在逐渐转变原有的监管模式，一个监管型政府正在崛起。潘石和尹滦玉也认为，监管作为政府干预市场的一种手段，是一种非常复杂的制度性安排。政府在这一过程中扮演着重要的角色。但是政府对市场进行监管的天然合理性已经被“监管俘获”现象所否定。因此，为了避免监管俘获必须要从根本上杜绝政府对经济的过度干预，也就是必须建立“有限政府”。建立“有限政府”的理论依据是政府理性的“有限性”。

近几年来，基于我国严峻的职业安全与健康形势，越来越多的学者将研究的领域选择在职业安全与健康监管体制改革领域。辽宁大学的林木西教授于2007年和2009年先后指导张秋秋和王磊分别完成了《中国劳动安全规制体制改革研究》和《中国职业安全规制改革研究》两篇博士论文；吉林大学谢地教授也于2009年指导王致兵完成了以《劳动安全监管的经济学分析》为题的博士论文。张秋秋在其博士论文中指出，我国的职业安全与健康管理体制呈现出以下发展趋势：（1）将成本—收益观念引入到职业安全与健康监管中来；（2）职业安全与健康监管执法力度将不断加大；（3）职业安全与健康监管由单纯的政府强制性管制逐步加入激励性管制措施；（4）将商业保险与社会保险相结合来提高职业安全与健康监管水平；（5）明确产权关系加强重点行业的职业安全与健康监管。王磊在其博士论文中通过分析不同国家职业安全与健康监管体制后指出，发达国家的监管体制经历了数百年的发展并形成了完备的监管体系，积累了大量的监管经验，这些经验主要是：（1）完善的职业安全与健康法律法规体系是政府职业安全与健康监管的前提和基础；（2）严格执法是遏制伤亡事故、提高监管效果的关键；（3）建立相对独立、专业化的监管机构；（4）根据本国国情合理确定监管的侧重点；（5）完善的工商保险机制；（6）注重培训教育，提高劳动者职业素质。王致兵在其博士论文中指出，中国劳动安全监管改革中应处理好三方面的关系：（1）职业安全与健康和经济发展之间的关系；（2）职业安全与健康监管和劳动力市场发展之间的关系；（3）中央政府和地方政府之间的关系。这些学者均从不同视角对我国职业安全与健康监管体制改革提出了许多有益的建议。

2. 中外职业安全与健康监管体制比较研究

由于我国正处在计划经济体制向市场经济体制的转型期，对市场经济发达国家的职业安全与健康监管体制的比较研究自然成为国内学界关注的重点。原国家安全科学研究院主任刘铁民是最早开展职业安全与健康监管体制比较研究的学者之一。他调研了 81 个国家职业安全与健康监管体制的概况，主要分析了 76 个市场经济国家情况，并对美国、日本、德国、英国四个主要工业发达国家的机构设置进行了研究，提出了根据我国的经济社会现状，可参考类似美国、日本模式的安全监察体制——具有管理与监察职能的中央垂直领导体制①。赵冬花在总结日本职业安全与健康监管体制后认为，目前日本的职业安全与健康监管体制主要包括职业安全与健康法规体系、监督管理体系、研究开发体系、教育培训体系、民间组织及中介机构体系、各类职业安全与健康活动等方面②。黄盛初等对欧盟、俄罗斯、西班牙职业安全与健康监管机构的运作模式、组织机构和工作方法进行研究后认为，欧盟职业安全与健康监管工作的主要经验是注重作业环境的改善；注重培训教育的开展；注重搞好安全周活动；重视工作环境的检测与测试③。陈鲁等对德国职业安全与健康管理模式及特点进行了专门研究，德国联邦经济劳动部是全国职业安全与健康（德国称劳动保护）工作的主管部门，劳动保护工作由该部下设的劳动保护局具体负责。针对生产事故而建立的职业协会是德国劳动保护双元化管理模式的体现，法律法规规定了工业企业工伤者由职业协会负责，雇主参加职业协会是强制性

---

① 参见刘铁民、耿凤：《市场经济国家安全生产监察管理体制研析》，载《劳动保护杂志》2000 年第 10 期，第 13 ~ 17 页。

② 参见赵冬花：《日本职业安全保障体制》，载《中国煤炭》2002 年第 12 期，第 53 ~ 55 页。

③ 参见黄盛初、郭馨、彭成：《欧洲职业安全与健康状况综述》，载《中国煤炭》2005 年第 3 期，第 55 ~ 58 页。

的，是开办企业的前置条件①。俞佳在研究加拿大职业安全与健康监管制度后指出，加拿大三级政府在职业安全与健康方面的职责和作用各有侧重。联邦政府的职责是负责制定劳动保障、工作条件、职业安全与健康等方面的法规，这些立法约占加拿大全部劳动立法的10%；省政府负责制定最低工资、工伤补偿、休假、加班等劳动标准方面的法规，这部分法规约占全部劳动立法的90%，市政府则侧重对弱势群体提供就业帮助和社会保护援助②。李孝亭在《英国的职业安全状况分析》一文中，介绍了英国的职业安全与健康监管部门设置及职能分工③。

相对于对其他国家职业安全与健康监管体制的研究，国内学界对美国职业安全与健康监管体制改革的研究则显得相对深入一些。吴伟在全面分析美国职业安全与健康管理署的执法体系及其特点后认为，做好职业安全与健康监管不仅要专门设立独立、专业的综合执法机构，还要多种手段并用，从强制性监管方式向激励性方式转变④。

3. 职业安全与健康监管问题与对策研究

基于我国严峻的职业安全与健康形势，目前国内学界研究最为活跃的领域就是对我国职业安全与健康监管问题与对策的探讨。1995年原中国劳动科学研究院程映雪等率先对社会主义市场经济条件下我国劳动安全卫生策略进行了系列研究，并连续发表了6篇文章。程映雪等提出，实行市场经济体制后全国范围内的职业安全卫生工作因难以适应新形势而受到削弱，亟需国家制定协调一致的职业安全卫生政策，并将其视为我国的一项基本国策。同时他们还

---

① 参见陈鲁、单保华：《德国职业安全健康管理模式及特点》，载《铁道劳动安全卫生与环保》2004年第6期，第26~28页。

② 参见俞佳：《加拿大职业安全与健康综述》，载《现代职业安全》2004年第9期，第62~63页。

③ 参见李孝亭：《英国的职业安全状况分析》，载《中国煤炭》2001年第6期，第59页。

④ 参见吴伟：《美国的职业安全管制及其对中国的启示》，载《国家行政学院学报》2006年第3期，第18~21页。

对我国劳动安全卫生的监察现状进行分析，对国外职业安全卫生监察现状与经验进行了比较研究，进而提出了我国劳动安全卫生政策的基本框架、主要内容及监察体制的设想①。韩小乾等分析了我国从计划经济体制向市场经济体制转变过程中，制度环境的变化及其给监管工作带来的问题；按照市场经济的原理和政企分开、政府转变职能的要求，提出了社会主义市场经济体制下职业安全与健康监管的基本思路、主要工作内容、工作方法和工作重点②。毛海峰等提出“使用安全生产运行机制”的概念代替“安全生产管理体制”的概念，并提出我国应该建立和完善“国家监督，部门负责，企业自律，职工维权，中介服务”的安全生产运行新机制③。周学荣认为，中国目前的职业安全与健康监管主要是由于政府失灵造成的，政府监管要解决的最大问题是需要进一步完善具体、适用和可操作性的监管立法、加大市场准入监管、将外部成本内部化、建立规范的制度环境、从降低政府监管成本提高管制效率等几个方面入手进行改革④。乔庆梅也指出，从总体上看，我国职业安全与健康形势的缓慢好转似乎与被给予的重视和支持力度不成比例，效果也不尽如人意。事实上，在我国当前的职业安全与健康监管过程中，存在着多层次多方面的错综复杂的关系，既包括生产单位与政府管理部门之间的博弈关系，又包括政府不同管理部门之间的协调与合作，还包括地方政府与中央政府关系的妥善处理。因此，应该从企业、地方、管理部门等多方面入手，多管齐下，寻找解决职业安全

---

① 参见程映雪、向衍荪、刘铁民、陈正桥、徐向东：《社会主义市场经济条件下我国劳动安全卫生策略研究》(1)、(2)、(3)、(4)、(5)、(6)，载《劳动保护科学技术》1995 年第 1、2、3、4、5、6 期。

② 参见韩小乾、王立杰：《论市场经济体制下的安全生产监督管理工作》，载《中国安全生产科学学报》2001 年第 5 期，第 47 ~ 51 页。

③ 参见毛海峰、贾根武：《从安全生产管理体制到安全生产运行机制》，载《中国安全科学学报》2002 年第 1 期，第 5 ~ 8 页。

④ 参见周学荣：《生产安全的政府管制问题研究——以我国煤矿企业生产安全的政府管制为例》，载《湖北大学学报（哲学社会科学版）》2006 年第 5 期，第 564 ~ 567 页。

与健康问题的治本之策①。谢地等也分别从外部性、信息不对称等层面分析了中国职业安全与健康监管的理论依据。他们认为，我国职业安全与健康的现状迫切需要增加政府监管制度的供给②。常凯也主张我国的职业安全与健康监管问题不能仅仅从安全工作的角度来分析问题，还应该从劳动者基本人权保护出发，从法律规范劳动关系入手来解决问题③。程启智通过建立最优预防模型，论证了问责制对中国民主政治制度建设的重要意义，但他认为在职业安全与健康监管领域问责制并非一个有效的制度安排④。

从总体上看，我国学界对国外职业安全与健康监管的早期研究主要局限在对国外职业安全与健康监管体制的简单描述方面，这一时期的研究既缺乏系统的理论阐述与归纳分析，又缺乏对中国职业安全与健康监管体制的指导性借鉴意见。而近几年的研究虽然更加注重国际经验对中国的启示与借鉴及在中国的应用价值，但研究的重点显然过分倾向于对中国政府职业安全与健康监管存在的问题与对策探讨方面，少有从政府宏观监管体制层面来整体思考中国职业安全与健康监管问题的文章。最近几年虽有少量研究成果涉及政府职业安全与健康监管体制，但研究的最终结论还是归结到政府微观监管政策探讨上，而没有真正将研究的重点聚焦于政府宏观监管体制创新分析上。

二、制度变迁理论研究文献综述

由于本书是基于制度变迁理论的视角去思考我国职业安全与健康监管体制创新问题，所以关于“制度变迁理论”的相关研究文

---

① 参见乔庆梅：《我国安全生产监督管理问题探析》，载《中国软科学》2006 年第 6 期，第 20 ~ 30 页。

② 参见谢地、何琴：《职业安全规制问题研究：基于法经济学的视角》，载《经济学家》2008 年第 2 期，第 15 ~ 19 页。

③ 参见常凯：《关于中国工业事故频发的法律分析》，载《工会理论研究》2005 年第 2 期，第 15 ~ 19 页。

④ 参见程启智：《问责制、最优预防与健康和安全管制的经济分析》，载《中国工业经济》2005 年第 1 期。

献无疑对本书十分重要，现对国内外关于制度变迁理论的研究作一简要梳理：

（一）国外制度变迁理论研究文献综述

制度问题的研究，最早始于古希腊的历史学和政治学，后来马克思主义经典作家和西方新制度学派都对此进行了比较详细的探讨。关于制度变迁理论，目前比较流行的主要有以下两种观点：

（1）马克思的制度变迁理论。马克思认为："无论哪一种社会形态，在它们能容纳的全部生产力发挥出来以前，是绝不会灭亡的，更新更高的生产关系，在它存在的物质条件在旧社会的胎胞里成熟之前，是绝不会出现的。所以人类始终只能提出自己能够解决的任务。"① 马克思站在历史唯物主义的立场，把社会的基本矛盾描述为生产力与生产关系、经济基础与上层建筑之间的矛盾。当生产关系严重阻碍生产力发展时，社会革命的时代就会到来。在马克思看来，制度变迁的产生不仅取决于旧制度本身所带来的高昂成本，还取决于统治阶级和主要利益集团的认可。可以说，马克思的制度变迁理论十分精辟。但也有学者认为马克思的制度变迁理论中制度变迁的动因只有一个，那就是阶级斗争②。

（2）诺斯制度变迁模型。诺斯制度变迁理论是当前最流行的理论，尤其是受到大多数处于转型期的国家的广泛欢迎。本书也正是从诺斯制度变迁理论的视角来思考当前我国职业安全与健康监管制度创新的路径，因此本书对于诺斯制度变迁理论作一重点评述。

从 1970 年诺斯（Douglass C. North）和戴维斯（Lance Davis）合作发表了《制度变迁与美国经济增长：通往制度变迁理论的第

---

① 参见马克思、恩格斯：《马克思恩格斯选集（第 2 卷）》，人民出版社 1975 年版，第 83 页。

② 参见丹尼尔·W. 布罗姆利：《经济利益与经济制度——公共政策的理论基础》，陈郁等译，上海人民出版社 2006 年版，第 43 页。

一步》一文，标志着诺斯正式系统地提出制度变迁理论①。1971年，二人合作，在上文基础上出版了《制度变迁和美国经济增长》②。同时，在欧洲经济史研究方面，诺斯还与托马斯（Robert P. Thomas）合作发表了《西方世界增长的经济理论》③ 与《庄园体系的兴起与衰落：一个理论模型》④ 两篇文章。在这两篇论文研究的基础上，1973年二人合作出版了《西方世界的兴起》⑤、⑥ 这本书。在《制度变迁与美国经济增长》这本书的上半部分以及与之相关的两篇论文中，他沿袭了新古典经济学的范式对制度变迁作了系统研究，提出了一套明确的原创性理论。

诺斯前期的分析主要采用熊彼特的创新理论来考察制度变迁，在此基础之上，他首次提出了“制度创新”的概念，并建立了新古典经济学的“理性选择”模型。诺斯认为，由外部性、规模经济、风险、交易成本所引起的潜在收入增加时，就会导致制度变迁的收益大于制度变迁的成本，从而出现制度的非均衡并诱致制度变迁，进而形成了新的制度均衡。与此同时，制度的供给问题也日益引起了诺斯的重视，这突出地表现在他的《经济史上的结构和变迁》一书中。诺斯通过修改“理性人”假设，提出了包括产权、

① See Douglass C. North and Lance Davis, Institutional Change and American Economic Growth: A First Step Towards a Theory of Institutional Change, Journal of Economic History, Vol. 30, March, 1970a.

② See Lance Davis, Institutional Change and American Economic Growth, Cambridge: Cambridge University Press, 1971b.

③ See Douglass C. North and Robert P. Thomas, An Economic Theory of the Western World, Economic History Review, Vol. 22, April, 1970b.

④ See Douglass C. North and Robert. P. homas, The Rise and Fall of the Manorial System: A Theoretical Model. Journal of Economic History, December, 1971a.

⑤ See Douglass C. North and Robert. P. homas, The Rise of the Western World: A New Economic History, Cambridge: Cambridge University Press, 1973.

⑥ 参见道格拉斯·C. 诺斯、罗伯斯·托马斯：《西方世界的兴起》，华夏出版社1999年版。

国家、意识形态在内的“三位一体”的制度变迁理论①。诺斯制度变迁理论认为国家不是中立的，人作为“经济人”也会产生机会主义行为，因此，国家有可能造成无效率的制度安排，人们的意识形态也可能克服“搭便车”行为。除此之外，诺斯对制度环境和制度安排进行了界定，并对制度创新的动因、方式等制约因素进行了分析，讨论了对潜在利润的认识与新制度安排的创新之间存在着时滞，对制度变迁的成本与收益问题与制度变迁的关系进行了探讨，认为成本与收益的变动是导致制度非均衡并进而导致制度变迁的原因。在诺斯看来，制度变迁是因为“在社会中的个人或集团看来承担这些变迁的成本是有利可图的。其目的在于创新者能获取一些在旧的制度安排下不可能得到的利润”。

以上两种制度变迁理论是学界研究较多的理论。除此之外，另有一些制度变迁理论作为这些流行理论的补充，使得制度变迁理论的视角更为开阔。哈耶克（F. A. Von Hayek）的演进主义制度变迁观与诺斯的制度变迁理论相对应。他坚决反对那些认为制度是人为设计的观点，认为制度的形成是自然演进的，只有自然演进的制度，才能形成好的制度。要形成自然演进的制度，就必须保证不同的经济主体，特别是个人的自由。布罗姆利（D. W. Bromley）认为，制度变迁更大程度上是国家对个人的强制，或者是那些能让国家为其所用的人对他人的强制。人们对于制度安排是有偏好的，就像他们对在一定的制度安排下作出的选择有偏好一样。此外，曼瑟尔·奥尔森（Mancur Olson）则以分析利益集团的影响及其作用为主线，认为制度变迁的根源取决于利益集团的形成和发展②。

（二）国内制度变迁理论研究文献综述

自诺斯制度变迁理论发表以来，国内学界对此表现出了浓厚的

---

① 参见戴维·菲尼：《制度的供给与需求》，载《制度分析与发展的反思》，商务印书馆 1996 年版。

② 参见曼瑟尔·奥尔森：《集体行动的逻辑》，陈郁等译，上海人民出版社 2003 年版。

研究兴趣，纷纷进行介绍、评价和比较，并发表了大量的研究文献，其中最具代表性的如下：

第一类是评述性的。左金隆对创立初期的诺斯制度变迁理论从制度的界定、制度在既有框架下的变迁、制度变迁理论的初步应用进行了评述①，并对诺斯制度变迁理论的方法论进行了剖析②；腾详志详细梳理了诺斯基于“产权、国家、意识形态”三位一体框架下的制度变迁理论③；刘和旺等评述了从20世纪70年代起诺斯制度变迁理论经历的从新古典经济学的“理性选择模型”转变为演化经济学“共享心智模型”的过程④；马广奇对制度变迁理论进行了评述，并分析了对当前中国改革实践的借鉴作用⑤；赵志峰从诺斯概括的制度变迁一般理论出发，评述了这一理论最新的发展，即引入制度变迁的主观博弈过程和进化博弈过程⑥。

第二类是比较分析性的。王小映从研究目的、基本方法论、制度变迁主体理论、国家理论以及对经济增长的解释等几个方面，对马克思主义与新制度经济学的制度变迁理论进行了比较分析。分析指出，马克思主义以历史唯物主义为基本方法论，以生产力理论和阶级理论为基础，在社会分析上坚持“集体主义”原则立场，把阶级作为制度变迁的主要担当者，坚持生产力是决定经济增长的第一位因素的观点，并以研究基本制度的革命性演进规律为主要目

---

① 参见左金隆：《创立初期的诺斯制度变迁理论述评》，载《牡丹江教育学院学报》2007年第5期，第153～155页。

② 参见左金隆：《诺斯制度变迁理论方法论探析：修正的新古典经济学范式》，载《经济经纬》2005年第6期，第7～9页。

③ 参见腾详志：《论诺斯三位一体的制度变迁理论》，载《学术论坛》1997年第5期，第63～68页。

④ 参见刘和旺、颜鹏飞：《论诺斯制度变迁理论的演变》，载《当代经济研究》2005年第12期，第21～24页。

⑤ 参见马广奇：《制度变迁理论：评述与启示》，载《生产力研究》2005年第7期，第225～230页。

⑥ 参见赵志峰：《对制度变迁理论的新发展及假设前提的评述》，载《财经理论与实践》2006年第6期，第2～5页。

的；新制度经济学则以功利主义、个人主义和自由主义为哲学基础，以其市场产权理论和新古典国家理论为基石，以解释经济绩效为主要目的，并在此问题上从市场产权制度和国家政治制度的层面上坚持其“制度决定论”①。周小亮以马克思与诺斯的制度变迁理论为分析对象，分析其差异，并在此基础上得出了几点关于我国改革的启示②。王松梅提出，马克思与诺斯的制度变迁理论，不仅在研究目的和重点上，而且在制度变迁动因和制度变迁方式上，都是相互补充的，如果把二者结合起来，就可以弥补各自的缺陷，并构成更加完善的制度变迁理论③。河南大学彭金柱在其硕士论文中，比较分析了两种制度变迁理论的原则区别和相通之处，并试图把新制度经济学制度变迁理论的合理内核植入到马克思主义经济学的制度变迁理论体系之中，构建一种全面、系统的制度变迁理论④。

第三类是应用新制度经济学范式下的制度变迁理论来分析我国改革实践的。丁煌等就从制度变迁理论为视角分析了我国农村税费改革的内在机理与逻辑⑤。曲延春以这一理论为分析框架，分析了我国农村公共产品供给制度的困境，并提出要破解这种困境，就需要进行制度创新，重构农村公共产品供给制度⑥。罗江龙运用新制度经济学的制度变迁理论，从制度变迁的诱因、潜在利润或预期收

---

① 参见王小映：《马克思主义与新制度经济学制度变迁理论的比较》，载《中国农村观察》2001年第4期，第20~26页。

② 参见周小亮：《马克思与诺斯制度变迁理论的差异及其对我国改革的启示》，载《东南学术》1998年第4期，第62~69页。

③ 参见王松梅：《马克思与诺斯：制度变迁理论的相互补充》，载《求实》2003年第4期，第12~14页。

④ 参见彭金柱：《马克思主义经济学与新制度经济学关于制度变迁理论的比较研究》，河南大学2001年硕士研究生论文，指导教师：张兴茂、李天章。

⑤ 参见丁煌、柏必成：《论我国农村税费改革的内在机理与逻辑——以制度变迁理论为视角》，载《湖北行政学院学报》2007年第3期，第28~32页。

⑥ 参见曲延春：《农村公共产品供给制度的困境与创新——以制度变迁理论为分析框架》，载《改革与战略》2007年第2期，第96~98页。

益、制度变迁的成本和路径依赖等方面对我国农村税费改革进行了分析，提出了对农村税费改革进行制度分析的结论和对策建议①。李丹从制度变迁理论的视角来分析我国中小学教师聘任制改革，她认为经济体制改革是中小学教师聘任制改革的必要条件和外生变量。中小学教师聘任制改革的实质就是要通过明晰教师的人力资本产权，让教师资源在校内和校际间更好地配置②。游梦华运用新制度经济学制度变迁理论，分析新时期广东报业发展，得出制度变迁与新时期报业发展密切相关的结论，即制度的变迁是新时期广东报业迅速发展的动因，广东报业要进一步市场化、集团化、产业化，也同样要从进一步的制度变迁入手③。

近年来，由于我国安全事故频发，给人民的生命安全与健康造成了巨大损失，职业安全与健康监管问题不仅成为了媒体关注的焦点，也逐渐成为了我国学者研究的重点。通过从对我国职业安全与健康监管和制度变迁理论研究文献的梳理情况来看，笔者认为这些研究主要存在如下三方面的不足：一是研究过分集中在对我国职业安全与健康监管具体政策及措施方面的技术性探讨，从政府宏观监管体制层面即制度层面来深入思考我国职业安全与健康监管问题的研究则极为少见，因而使得我国的职业安全与健康监管问题研究长期陷入一种“技术决定论”的惯性思维中。二是对我国职业安全与健康监管问题的研究缺乏合适理论工具的指导，导致整体的研究不够深入和系统，难以真正找出我国职业安全与健康监管绩效不佳的根源。在以往的研究中，采用最普遍的研究方法就是比较研究法，通过对中外职业安全与健康监管体制和监管政策的比较，提出相应的改进措施。由于西方发达国家与中国各方面的制度存在着巨

---

① 参见罗江龙：《制度变迁理论与我国农村税费改革》，西南财经大学2004年硕士学位论文，指导教师：刘成玉。

② 参见李丹：《制度变迁视角下中小学教师聘任制问题研究》，西南大学2008年硕士学位论文，指导教师：张学敏。

③ 参见游梦华：《制度变迁与新时期广东报业发展研究》，暨南大学2007年博士学位论文，指导教师：黄德鸿。

大的差异，加之中国目前正处在由计划经济体制向市场经济体制的转型期，有些在西方国家行之有效的做法如果不加改良就移植过来，并不一定适合当前中国的国情。三是学界对我国职业安全与健康问题的研究陷入了研究对象不清的困境。因为至今为止，无论是政府还是学界，对我国这一块究竟是称为“职业安全与健康”还是“安全生产”仍没能达成一致意见。目前我国与“职业安全与健康”、“安全生产”含义相近的称谓还有“劳动保护”、“劳动安全卫生”、“职业安全”等，这些称谓的含义既相似，也不完全相同。由于这些概念的含义没能形成一致意见，导致学者们的研究对象不明晰，因而研究的针对性也就不强。

第三节　核心概念界定

一、职业安全与健康

“职业安全与健康”(Occupational Safety and Health，OSH) 一词，是国际通用的术语，它是指劳动者在职业劳动中人身安全和身心健康获得有效保障，从而避免因为职业劳动而导致人身安全与健康受到损害。美国在尼克松总统执政期间，于1970年12月29日通过了《职业安全与健康法》(*Occupational Safety and Health Act*)，一年后成立了职业安全与健康管理局（Occupational Safety and Health Administration，OSHA)，隶属于美国劳工部，这一管理机构至今存在，一直没有变动。这部法案被认为是针对劳动者立法的一个重要里程碑，其目的是尽最大可能保障劳动者在安全和健康的工作条件下工作。从西方发达国家政府管理工作的实践经验表明，“职业安全与健康”的宗旨就在于保障劳动者在工作场所中的安全与健康。其中的“安全”是指劳动过程中不发生致人体急性伤亡的事故，即保障人身安全；其中的“健康”是指劳动过程中不受各种有毒有害因素（噪声、粉尘、电磁辐射等）对人的慢性伤害，即保障人的身体健康。

目前我国对这一概念的使用比较混乱，多种提法交替使用。其中用得较为普遍的是“安全生产”、“劳动保护”、“劳动安全卫生”三种。下面笔者就这些提法逐一进行辨析：

（一）劳动保护

“劳动保护”一词在我国是最早提出并得到广泛使用的。1949年10月1日中华人民共和国的成立，宣告了旧时代的结束和新时代的开始。同年11月，国家劳动部正式成立。劳动部内设劳动保护司，“劳动保护”的提法正式出现。在政务院批准的《中央人民政府劳动部试行组织条例》中明确规定，劳动部在劳动保护方面的任务是“……检查各种企业、工厂、矿场之安全卫生设备状况”，“监督公私企业依法正确使用青工及女工的劳动，以保护青工及女工的特殊利益”①。我国的“劳动保护”是指国家为了保护劳动者在生产过程中的安全与健康，保护生产力，发展生产力，促进社会主义建设的发展，在改善劳动条件、消除事故隐患、预防事故和职业危害、实现劳逸结合和女职工、未成年工保护等方面，在法律、组织、制度、技术、设备、教育上所采取的一系列的综合措施。“劳动保护”这一提法实际上源自于20世纪的苏联，因为中华人民共和国成立后的政府管理模式主要借鉴当时社会主义阵营中“老大哥”苏联的经验。当时苏联“劳动保护”的提法主要是从工会的角度，体现社会主义国家保护劳动者在劳动过程中的人身安全与健康权利，重点突出个体防护、未成年工保护、女工保护、工时休假等内容。我国在1951年9月由当时的劳动部在北京召开了全国第一次劳动保护工作会议，之后分别于1952年、1958年9月、1960年4月、1965年10月以“劳动保护工作会议”的名义召开全国大会。可见，这一时期，我国主要以“劳动保护”的提法为主。

（二）安全生产

“安全生产”一词，自提出以来在我国就得到普遍使用，并沿用至今。那么什么是“安全生产”呢？夏新指出“安全生产可以

---

① 刘铁民主编：《中国安全生产60年》，中国劳动社会保障出版社2009年版，第15页。

概括为在生产经营活动中，为避免发生造成人员伤害和财产损失事故，而采取相应的事故预防和控制措施，以保证从业人员的人身安全，保证生产经营活动的顺利进行”。在“安全生产”这一概念创立之初，就旨在强调生产过程中人（劳动者）和物（如机器、设备等）的安全，偏向于物的安全，注重安全是为了生产的顺利进行①。刘海波指出，安全生产的本质是要在生产过程中防止各种事故的发生，确保国家财产和人民生命安全。他又进一步指出，“安全生产”概念的含义偏重于安全内容，包括两方面：一是人的安全，二是物的安全。这一概念源自于产业部门，广泛用于生产、经营活动的各个领域②。《辞海》中将“安全生产”解释为：为预防生产过程中人身、设备事故，形成良好劳动环境和工作秩序而采取的一系列措施和活动。《中国大百科全书》将安全生产定义为：安全生产旨在保护劳动者在生产过程中安全的一项方针，也是企业管理必须遵循的一项原则，要求最大限度地减少劳动者的工伤和职业病，保障劳动者在生产过程中的生命安全与健康。2002 年 11 月 1 日正式施行的《中华人民共和国安全生产法》第 1 条规定：“为了加强安全生产监督管理，防止和减少生产安全事故，保障人民群众生命财产安全，促进经济发展，制定办法。”第 2 条规定：“在中华人民共和国领域内从事生产经营活动的单位的安全生产，适用本法”。依据这一法律规定，“安全生产”无疑是指生产、经营活动中所涉及的人民群众的人身安全和财产安全。

如前所述，虽然 1952 年在全国第二次劳动保护工作会议上正式提出“安全生产”，但真正大量为人们所使用还是在 1970 年 12 月 11 日，因全国不断发生重大事故，给人民的生命财产安全造成严重损失，中共中央发出了《关于加强安全生产的通知》，此后，“安全生产”一词被广泛使用；1970 年之前，我国还是以“劳动保

---

① 参见夏新：《比较视野下的我国安全生产政府管制研究》，河南大学研究生 2007 年硕士学位论文，第 4 页，指导教师：莫起升。

② 参见刘海波：《安全生产管制研究》，吉林大学 2003 年硕士学位论文，第 1 ~2 页，指导教师：任俊生。

护”的提法为主。1975年2月国家计委在北京召开了全国安全生产会议，会议总结了贯彻执行中共中央《关于加强安全生产的通知》的情况，提出了进一步加强安全生产、保护职工安全健康，迎接社会主义建设新高潮的要求。至此之后，原来的“全国劳动保护工作会议”被“全国安全生产工作会议”所取代，“安全生产”的提法也从此在我国占据了主流，并一直沿袭至今。从我国当前政府管理工作的实践来看，我们的安全生产管理所包含的范围非常广泛，既包括生产和经营单位的安全管理问题，还包括道路交通安全、消防安全、公共场所安全等社会公共安全问题。显然，当前我们赋予“安全生产”的含义相当广泛，已远远超出了这一概念提出之初被赋予的“生产过程中人和物的安全保护”的含义。

（三）劳动安全卫生

1994年7月5日，第八届全国人民代表大会常务委员会第八次会议通过的《中华人民共和国劳动法》专门辟出了三章就劳动者生命安全与健康的内容进行了规定，分别是第四章：工作时间与休假；第六章 劳动安全卫生；第七章 女职工和未成年工特殊保护。自从该法第六章权威性地提出“劳动安全卫生”的提法后，这一概念在此后的一个时间无论是在政府还是在学界都得到了频繁的使用。当时的中国劳动保护科学研究所（现中国安全生产科学研究院的前身）以“社会主义市场经济条件下我国劳动安全卫生策略研究”为题，连发了6篇学术论文①。从整体上来看，学界使用“劳动安全卫生”的提法相对多一点，政府和社会更多的是交替使用“安全生产”或“劳动保护”的概念，但“劳动安全卫生”提法始终未能占据主流。

从《中华人民共和国劳动法》的框架结构来看，工作时间与

---

① 程映雪、向衍荪、刘铁民、陈正桥、徐向东：《社会主义市场经济条件下我国劳动安全卫生策略研究》(1)、(2)、(3)、(4)、(5)、(6)，载《劳动保护科学技术》1995年第15卷第1期第13~14页、第2期第16~18页、第3期第22~24页、第4期第16~20页、第5期第23~24页、第6期第23~27页。

休假、女工和未成年工特殊保护是不包含在劳动安全卫生内容中的；从立法者的原意来理解，劳动安全卫生是涵盖不了这两项内容的，这两项内容是属于“劳动保护”的范畴。因此，立法者将“劳动安全卫生”与“劳动保护”的概念对立起来，使得谁也涵盖不了谁，最终“安全生产”这一不与国际接轨的提法在我国长盛不衰，从计划经济年代一直持续到如今的市场经济年代。

（四）辨析

通过以上的分析，我们发现，以上四个概念在政府的管理实践和学界的研究中经常会碰到，它们的含义既有共同点，也有差异点。“安全生产”被赋予的含义相对全面，包含的内容较多，既包括人的安全又包括物的安全。其主要缺陷是这一词源自于计划经济时代的产业部门，从中文字面意义理解往往让人产生误解：（1）安全生产只是指生产过程中人和物的安全保护问题，经营过程中及行政事业单位日常管理活动中人和物的安全则不涉及；（2）安全生产只是对人的安全的保护，不包括对人的健康的保护，而实际上对人的健康的保护也是中国政府监管部门一项重要的职责。而“劳动保护”、“劳动安全卫生”虽然从含义上都是指对人的生命安全与健康的保护，但其缺陷是二者从一开始使用就被视为两个相互对立的概念，互不涵盖，难以统一。

笔者认为，最为准确和全面的当属“职业安全与健康”。这一提法也正是西方市场经济国家长期使用的“Occupational Safety and Health”的完全中译。从中文的字面意义来理解，则是人们从事某一职业所涉及的人身安全与健康保护问题；从西方市场经济国家长期管理的实践来理解，则是指工作场所所涉及的人身安全与健康保护问题。目前我国已经初步建立起了社会主义市场经济体制，市场经济体制最主要的特征就是市场成为资源配置的基础手段，政府主要实行宏观调控，政府管理社会事务有自己严格的边界，该管的才管，不该管的则放手让市场和社会自行去调节。也正是基于这一理念，胡锦涛总书记在“十七大”报告中提出了“以人为本”的科学发展观。“以人为本”首要的是以“人的生命安全与健康为本”，这是政府必须履行的公共管理职责。因此将“工作场所中人的生命安全与健康保护问题”纳入市场经济条件下政府所必须履行的职责是恰当的，而“物的安全”则属于私人范畴，政府则不该管，对“物的安全”的管理应是企业自身的职责。因此，笔者认为，我国目前带有浓厚计划经济色彩的“安全生产”和“劳动保护”的提法应该改为顺应市场经济体制环境的“职业安全与健康”的提法，“安全生产监管”相应改为“职业安全与健康监管”。这种转变，体现的不仅仅是与国际接轨，更为重要的是体现市场经济条件下政府部门的职能转变和修正。政府应该奉行“以人为本”的监管理念，政府职业安全与健康监管的中心任务就是保护人的生命安全与健康。当前我国政府职业安全与健康监管工作主要的关注点还停留在对人的生命的伤害方面，无疑这是当前我国政府应该关注的重点，因为人员伤亡仍是当前我国职业安全与健康监管工作的主要矛盾。但西方发达国家的经验告诉我们，当我国的经济社会发展到一定阶段后，人员伤亡的情况将会出现急剧的下降并进入平稳期，相反，对人体健康损害的保护问题将上升为主要的矛盾。因此，政府职业安全与健康监管部门将对劳动者的健康的保护纳入职责范围当属应尽之责。

除此之外，“职业安全与健康”这一概念含义的明确界定，直接厘清了“职业安全与健康”与“社会公共安全”的界限，将道路交通安全、消防安全、公共场所安全等社会公共安全问题从当前我国“安全生产”的基本含义中剔除。这一界定，也解决了目前我国赋予“安全生产”的含义过宽、过滥，而在管理的实践上又统不起来的弊病。

二、监管与管理

（一）监管

与“监管”一词相对应的英文是 Regulation，我国学界多译为“管制”和“规制”，管制或规制均是指政府管制或规制（Government Regulation）。为与我国政府常用提法相一致，本书统一采用“监管”一词代替“管制”或“规制”，二者的实际内涵完全一样。

（二）管理

长期以来，许多中外学者从不同的研究角度出发，对管理作出了不同的解释：如法国管理学者法乐尔所说，管理是所有的人类组织（不论家庭、企业或政府）都有的一种活动，这种活动由五项要素组成：计划、组织、指挥、协调和控制。管理就是实行计划、组织、指挥、协调和控制①。

美国哈罗德·孔茨指出，管理就是设计和保持一种良好环境，使人在群体里高效地完成既定目标②。

泰勒提出，所谓管理就是确切知道要别人去干什么，并注意他们用最好最经济的方法去干③。

按《世界百科全书》的定义，管理就是对工商企业、政府机关、人民团体以及其他各种组织的一切活动的指导，它的目的是使每一行为或决策有助于实现既定的目标。

管理的定义可以列举很多，以上的几种具有一定的代表性。笔者认为，从一般意义上来讲，管理就是指组织单元，通过决策选择，科学、合理、优化配置各种要素资源，达到组织低投入、高产出的目的，这样的行为就是管理。

（三）监管与管理的区别

对于监管与管理的区别，笔者比较赞同学者任俊生的观点：对于微观经济活动来说，管理是以企业所有权为基础，对企业人员的共同劳动进行组织和协调，以提高企业运行效率，实现企业目标。对微观经济活动的管理，是一种组织的内部行为。而监管则是管制经济学的专用名词，专指政府站在公共利益的角度对微观经济活动中市场失灵部分进行直接干预或控制。政府不以所有权者身份

---

① 法乐尔：《工业管理和一般管理》，曹永先译，团结出版社 1999 年版，第 7 页。

② 哈罗德·孔茨、海因茨·韦里克：《管理学》，经济科学出版社 1998 年版，第 2 页。

③ F. 泰勒：《科学管理原理》，团结出版社 1999 年版，第 104 页。

对微观经济主体进行的一切干预或控制活动都应称为监管，即从组织外部通过制定和执行规则对微观经济主体的行为进行限制和约束。

三、职业安全与健康监管

如前所述，“职业安全与健康”是指“劳动者在工作场所中所涉及的人身安全与健康保护问题”，而“监管”是指“政府站在公共利益的角度对微观经济活动中市场失灵部分进行直接干预或控制”，因此，“职业安全与健康监管”无疑是指“政府作为监管主体，从公共利益的角度出发，对监管客体在微观经济活动中所涉及的人身安全与健康的损害行为进行直接的干预或控制”的一种行政行为。根据上述定义，我们可以把职业安全与健康监管概念进一步理解为：（1）职业安全与健康监管的主体是政府行政机关，这些行政机关通过职业安全与健康法律法规或其他形式被授予监管权，是我国职业安全与健康监管的主体；（2）凡是在工作场所中涉及劳动者生命安全与健康保护工作的主体都属于职业安全与健康监管的客体，也包括劳动者本身；（3）职业安全与健康监管的主要内容应包括职业安全与健康监管的立法、执法和提供公共服务，其中，职业安全与健康监管立法是执法的基础和依据，而执法是立法的执行和保证；（4）职业安全与健康监管专门突出政府对劳动者在劳动过程中的安全与健康的保护。

四、体制与监管体制

（一）体制

“体制”一词一直以来都没有一个特别一致的定义，笔者归纳起来主要有如下几种：

（1）1979年出版的《辞海（修订本）》对体制的解释是：“国家机关、企业和事业单位管理权限划分的制度。”

（2）1979年中国社会科学院语言研究所编写的《现代汉语词典》则将体制定义为：“国家机关、企业和事业单位的机构设置、管理权限、工作部署的制度。”

（3）1982年出版的《简明社会科学词典》则将体制解释为："关于国家、企事业单位的机构设置、隶属关系和权限划分等方面的体系和制度的总称。如国家体制，通常指广义的国家制度，包括有关国体和政体等的制度；国家行政管理体制，指中央和地方国家行政管理体系和工作制度……"

（4）李建蔚认为："体制是指一种组织体系和组织制度，是指国家机关、企事业单位、党派团体等的机构设置和管理权限的划分。"①

（5）柯舍认为："体制是指国家机关、企业、事业单位和社会团体对管理权限的划分，以及按照这种划分设置的机构、所形成的制度和体系的总称。"②

在以上所有关于"体制"一词含义的表述中比较一致的意见是"体制"就是指国家机关、企业、事业单位和社会团体等的机构设置、隶属关系、权限划分及各方面制度的总称。从管理学的角度来说，国家机关、企业、事业单位和社会团体都是组织的一种形式，每一种组织的设立都是为了完成组织既定的目标或上级组织所赋予的职责。正如张建兵、陆江兵所说，"组织之所以在社会中存在，就是因为它具有一定的社会功能，不承担一定社会功能的组织迟早要消亡"③。

因此，笔者认为，在以上所有关于"体制"的定义中，缺少了一个至关重要的部分，即组织的职能定位及职能划分问题。组织的职能定位和职能划分解决的是组织的目标和使命问题，是组织赖以存在的基础。只有组织的职能定位及职能划分清楚了，其他的如组织结构设置、权限划分、隶属关系及各方面的制度才会

---

① 李建蔚：《体制的基本概念》，载《经济改革文摘》1985年第2期，第48页。

② 柯舍：《体制、政治体制、社会主义政治体制——概念研究综述，载《学校思想教育》1988年第3期，第60页。

③ 张建东、陆江兵主编：《公共组织学》，高等教育出版社2003年版，第3页。

有明确的指向。基于此，笔者认为，体制就是对组织的职能定位及职能划分、组织结构设置和权力配置等各种组织体系和制度的统称。在管理学中，组织的含义又可以从静态与动态两个方面来理解。从静态来看，即指组织结构设置，即：反映人、职位、任务以及它们之间的特定关系的网络。这一网络可以把分工的范围、程度、相互之间的协调配合关系、各自的任务和职责等用部门和层次的方式确定下来，成为组织的结构框架体系。从动态方面看，指维持与变革组织结构，以完成组织目标和使命的过程。通过组织机构的建立与变革，将组织活动的各个要素、环节，从时间上、空间上科学地组织起来，使每个成员都能接受领导，协调行动，从而产生新的、大于个人和小集体功能简单加总的整体功能。这种维持与变革组织结构，以完成组织目标和使命的过程，我们可以将此理解为组织的一种动态的运行机制。正是基于对组织从静态和动态两方面的理解，本书将“体制”概念理解为：所谓体制，就是指国家机关、企业、事业单位和社会团体（组织）的职能定位及职能划分、组织结构设置、权力配置及运行机制等方面制度的总称。

（二）监管体制

在分别理解监管和体制的概念之后，监管体制的含义就好理解了。监管体制就是指政府监管部门的组织结构和组成方式，即采用怎样的组织形式以及如何将这些组织形式结合成为一个合理的有机系统（运行机制），并以怎样的手段、方法来实现监管的任务和目的。具体地说：监管体制就是规定中央监管部门与地方监管部门之间（纵向）、同级监管部门之间（横向）的监管范围、监管职责、监管权限、各自利益及其相互关系的准则，它的核心是各监管部门的职能定位及职能划分、组织结构设置、监管权力的配置及运行机制的确立。各监管部门的职能划分和权限划分是否合适，各机构和人员间的运行机制是否协调，直接影响到监管的效率和效能。因此，监管体制是监管中的核心问题，尤其是对公共组织（如政府机关）来说，监管体制在对中央、地方、部门、企业及个人的整体监管中起着决定性作用。因此，本书关于我国职业安全与健康监管体制创新的研究主要从政府部门职业安全与健康监管的职能定位及划分、组织结构设置、权力配置及行政运行机制四个方面来展开分析。

第四节　研究的理论工具、方法及框架

一、研究的理论工具

（一）新制度经济学的制度变迁理论

本书沿用新制度经济学制度变迁理论中制度安排的需求与供给分析框架作为主要的理论分析工具，然后在此分析框架之下具体分析我国职业安全与健康监管体制变迁过程相应的制度影响因素，进而探求我国职业安全与健康监管体制创新的主体、方式、创新的动因及创新的过程，因此新制度经济学的制度变迁理论是本书主要的理论研究工具。

（二）治理理论和新公共服务理论

为保证本书研究的系统性和对我国职业安全与健康监管的实践更具指导价值，本书在对我国职业安全与健康监管新体制进行构想后，进一步提出了我国职业安全与健康监管体制创新的实现路径。在实现路径这一章的研究中，本书还采用了公共管理方面的前沿理论——治理理论和新公共服务理论作为理论研究工具。

二、研究的方法

（一）制度分析法

对于以诺斯为代表的制度变迁理论的方法论问题，正如杨汇智所总结的，“从诺斯的研究历程和主要著作中，我们可以窥见诺斯制度变迁理论所采用的主要方法及其演变过程。20 世纪 80 年代前，诺斯运用的主要是历史的方法；20 世纪 80 年代后，诺斯引入了成本交易的方法、政治经济学的方法。在吸收和改造以上多种方

法论的优点基础上，诺斯最终形成了一套超越新古典经济学的制度分析方法”①。由于本书研究采用的主要理论工具是以诺斯为代表的制度变迁理论，因此，本书主要的分析方法就是制度分析方法。

（二）文献研究法

本书采用的是历史文献和政策文献的分析方法。与实验、实地考察等研究方法直接接触研究对象不同，文献研究不是直接从研究对象那里获取研究所需要的资料，而是在收集和分析现存的，以文字、数字、音像、图片、符号以及其他形式存在的第二手资料——文献资料的基础上展开的。文献分析法是在第一手材料难以得到或不够用时，通过收集和分析文献资料来研究社会现象、社会发展规律和趋势的研究方法。它是社会科学研究的基础方法之一，也是本书主要的研究方法之一。

（三）比较研究法

比较研究就是对不同事物或者同一事物在不同发展阶段的表现进行比较和分析，以认识其差别、特点和本质的一种辩证逻辑思维方法。比较研究法主要可以分为纵向比较和横向比较两种，通过比较可以全面地分析事物存在的问题。本书从纵向比较的角度（从计划经济体制向市场经济体制转换—制度环境的变迁）来考察我国职业安全与健康监管体制的变迁历程，找寻影响我国职业安全与健康监管体制创新的制度需求和制度供给因素，以利于在新体制的设计中对这些因素予以充分考虑。

三、研究的框架

（一）研究思路

客观上说，当前我国政府的职业安全与健康监管和学界的学术研究活动虽然也取得了一定成果，但仍然显现出监管效果不理想及研究不够深入和系统的问题。本研究力图从新制度经济学制度变迁

---

① 杨汇智：《诺斯制度变迁理论考察：方法论的视域》，载《求索》2005年第8期，第15页。

理论的视角，借鉴发达国家通行的做法，把工作场所的安全与健康监管作为整体研究对象，从政府宏观监管体制层面进行系统的分析和研究。本书从行政理念、职能定位及职能划分、组织结构设置、权力配置及行政运行机制五个方面来讨论我国目前的职业安全与健康监管体制所存在的问题，并通过制度安排的需求与供给分析框架来分析当前影响我国职业安全与健康监管体制创新的制度需求因素和制度供给因素，通过理论分析和实践比较，探求我国职业安全与健康监管体制变迁的主体、方式、变迁的动因及变迁的过程，并依据公共管理学的相关前沿理论，提出我国职业安全与健康监管体制创新的实现路径，以期破解当前我国职业安全与健康监管的困境。

（二）分析框架

全书共分六章。第一章是导论，侧重于提出研究的背景及研究的意义，对与该问题有关的国内外相关文献进行梳理，对本书涉及的核心概念进行界定，并简要介绍本书所要运用的理论研究工具和研究方法。第二章是本书研究的理论基础。本章的主要内容是对制度变迁理论进行介绍和解读，提出制度变迁理论经典的供求分析框架，并对运用制度变迁理论分析我国职业安全与健康监管体制创新的适切性进行分析。第三章是我国职业安全与健康监管体制的变迁与问题。本章首先简要回顾了我国行政管理体制改革的历程，接着又从组织结构设置、职能划分、权力配置及行政运行机制四个方面阐述了我国职业安全与健康监管体制变迁的历程，并分析了现阶段我国职业安全与健康监管体制存在的主要问题。第四章是现阶段我国职业安全与健康监管体制创新的制度变迁分析。本章主要以戴维·菲尼总结的制度安排的需求与供给分析框架为理论工具，具体分析影响我国职业安全与健康监管体制创新的制度需求和制度供给因素，并探求我国职业安全与健康监管体制创新的主体、方式、创新的动因及创新的过程。第五章是我国职业安全与健康监管新体制的基本构想。本章侧重于从职能定位及职能划分、组织结构设置、权力配置及行政运行机制四个方面对我国职业安全与健康监管新体制进行了基本构想。第六章是我国职业安全与健康监管体制创新的实现路径。本章主要从按照建设服务型政府的要求转变职业安全与健康监管理念、建立多元主体共同参与和互动合作的网络状职业安全与健康治理新模式、改革阻碍我国职业安全与健康监管体制创新的现有制度安排三个方面来具体分析我国职业安全与健康监管体制创新的实现路径。

第五节 本书的研究难点和创新点

一、本书的研究难点

由于笔者在职业安全与健康监管战线从业十多年，可以说从来就没有停止过对我国职业安全与健康监管体制存在问题及改革方向的思考。笔者本着理论指导实践的想法选取了《我国职业安全与健康监管体制创新研究——基于制度变迁理论的视角》作为我的博士论文题目，但在具体的研究过程中，我发现对这一问题的研究主要存在如下难点：

1. 由于目前学界对我国职业安全与健康监管问题的研究成果多集中在问题和对策探析方面，专门针对政府职业安全与健康监管体制进行研究的并不多见，因此，在我国职业安全与健康监管体制创新研究方面笔者并无太多的成果可供借鉴。本书的研究也旨在抛砖引玉。

2. 由于影响我国职业安全与健康监管体制创新的制度因素很多，既包括正式规则诸如政党制度、国家制度、宪法制度、行政管理制度、法律制度等，也包括非正式规则如文化传统、价值信念、风俗习惯、道德规范等，还包括这些制度的实施机制，在如此众多的影响因素中如何选择分析的因变量成为本书另一大难点。

鉴于我国的政党制度、国家制度是根本性的政治制度，因此本书的研究始终将政党制度和国家制度视为不变量；由于我国尚处在由计划经济体制向市场经济体制过渡的转型期，我国的宪政制度、行政管理制度、法律制度也一直处在不断的调整过程中，但由于这些制度一经形成，就如非正式规则一样，在一段时间内能保持相对稳定，不会发生显著变化，因此在本书的研究中，将这些制度和非正式规则一同视为外生变量。

3. 由于本书运用新制度经济学的制度变迁理论来对我国职业安全与健康监管体制创新进行研究，因而必然要采用成本—收益的比较分析方法，而制度变迁中一些成本与收益的不可精确计量，也正是新制度经济学家无法解决的一个问题和局限所在。因此，本书在运用制度变迁理论的成本—收益分析方法来研究相关问题时，如何增强说服力和可信度自然也成为本书研究的又一大难点。

二、本书的主要创新点

本书的主要创新体现在理论研究工具的创新和观点的创新两方面：

（一）理论研究工具的创新

我国学界目前对职业安全与健康监管问题的研究往往缺乏合适理论工具的指导，导致整体的研究不够深入和系统，难以真正找出我国职业安全与健康监管绩效不佳的根源。当前仅有的几种被用来指导我国职业安全与健康监管问题研究的理论工具为：管制或规制经济学理论、信息经济学的博弈论、委托—代理理论、激励理论、新制度经济学的成本—收益分析理论①、②、③、④，至今还很少见到运用新制度经济学的制度变迁理论作为分析工具来研究我国职业安全与健康监管体制创新的研究文献。本书运用新制度经济学的制度变迁理论作为我国职业安全与健康监管体制创新的理论分析工具，具有一定的独到性和创新性。

---

① 王磊：《中国职业安全规制改革研究》，辽宁大学2009年博士学位论文，指导教师：林木西。

② 张莹：《安全生产监管博弈分析》，山东大学2007年硕士学位论文，指导教师：张昕竹、唐绍欣。

③ 张秋秋：《中国劳动安全规制体制改革研究》，辽宁大学2007年博士学位论文，指导教师：林木西。

④ 王致兵：《劳动安全监管的经济学分析》，吉林大学2009年博士学位论文，指导教师：谢地。

（二）观点的创新

1. 本书明确提出应将在计划经济体制下提出并延续至今，且在我国现阶段最为流行的“安全生产”提法替换为符合社会主义市场经济制度环境，并与国际接轨的“职业安全与健康”提法。这种替换，体现的不仅仅是与国际接轨，更为重要的是体现市场经济条件下政府职能的转变和修正。政府应该奉行“以人为本”的监管理念，政府职业安全与健康监管的中心任务就是保护人的生命安全与健康。

2. “体制”一词在我国的使用十分宽泛，但“体制”的含义究竟是什么？学界至今也没有形成一个一致的定义。本书在全面梳理学界关于“体制”定义的基础上提出：所谓体制，就是指国家机关、企业、事业单位和社会团体（组织）的职能定位及职能划分、组织结构设置、权力配置及运行机制等方面制度的总称。在此概念基础上，本书从职能定位及职能划分、组织结构设置、权力配置和行政运行机制四个维度来全面研究我国职业安全与健康监管体制无疑是一种创新，这对今后我国职业安全与健康监管体制研究具有一定的理论指导意义。

3. 职业安全与健康监管工作从理论上分析主要是一种社会性管制或监管行为，治理方式以采取各种管制或监管手段为主。本书明确提出，政府对职业安全与健康的监管理念应从“统治”向“治理”转变；在当今风险社会的语境中，应该建立多元主体共同参与和互动合作的网络状职业安全与健康治理新模式。为了实现与增进职业安全与健康公共利益、规避和控制职业安全与健康风险，政府、企业、社会、专家系统、公民个人等众多治理主体彼此合作，在相互依存的环境中分享公共权力，共同管理职业安全与健康事务。这也是一种创新，我相信这一治理理念和模式创新必将对今后我国职业安全与健康监管绩效产生积极和深远的影响。

第二章

本书研究的主要理论基础

本书对我国职业安全与健康监管体制创新的研究主要从制度变迁理论的视角出发，而制度变迁理论是新制度经济学的一个非常重要的理论，本章的主要内容是对本研究所依据的制度变迁理论进行介绍，提出制度安排的需求与供给分析框架，为随后的分析奠定基础。

第一节 制度的概念

一、制度的内涵

制度是新制度经济学的主要研究对象，把制度作为经济学的研究对象正是制度经济学家们对正统经济理论的一次革命。近些年来一些新制度经济学的代表人物如科斯（R. H. Coase）、诺斯（D. C. North）等，他们将制度引入经济学的分析范畴，为人们分析经济社会问题提供了一个全新的视角。尤其是在新旧体制转轨的国家（例如中国），采用新制度经济学来分析问题更是颇受欢迎。

新制度经济学基于研究方法的不同对于制度的理解也不尽相

同，总体来说包括两类：

一类是以科斯、舒尔茨、拉坦、林毅夫等新制度经济学家们为代表，他们认为，组织应该包含在制度之内。由于在他们的研究中是以交易作为制度分析的最小单位，所以把一切制度都看成是不同形式的交易。如科斯认为：制度就是指一系列关于产权安排、调整的规则，制度本身就是“规则”和“组织形式”。舒尔茨则将认为：“制度是一种行为规则，这些规则涉及社会、政治和经济行为”①。拉坦在《诱致性制度变迁理论》一文中也将制度定义为“一套行为规则，它们被用于支配特定的行为模式与相互关系”②。

另一类是以诺斯、布罗姆利等新制度经济学家们为代表，他们认为应该将组织与制度区别开来，组织不应该包含在制度之内。他们将制度主要定义为“规则”，强调的是作为游戏规则基础的制度，而对组织的关注主要集中在它们对制度变迁代理人的作用方面。如诺斯指出：“制度是被制定出来的一系列规则、守法秩序、行为道德和伦理规范，它旨在约束主体福利或效应最大化的个人行为。③”诺斯进一步指出：“制度是一个社会的游戏规则，更规范地说，制度是用来决定人们的相互关系的系列约束。”④布罗姆利也认为制度是一种规则、准则和所有权，而不是由这些规则、准则和所有权所确定的组织机构。⑤

本书主要倾向于第二种观点，即诺斯对制度的定义。诺斯对制度的定义具有极其丰富的内涵：（1）制度与人的行为、动机有着

① 科斯等：《财产权利与制度变迁》，上海三联书店1994年版，第253页。

② 科斯等：《财产权利与制度变迁》，上海三联书店1994年版，第329页。

③ 道格拉斯·C. 诺斯：《经济史中的结构与变迁》，上海三联书店1991年版，第195页。

④ 道格拉斯·C. 诺斯：《制度、制度变迁与经济绩效》，上海三联书店1994年版，第1页。

⑤ 参见丹尼尔·W. 布罗姆利：《经济利益与经济制度》，上海三联书店1996年版。

内在的密切的联系。从深层次来理解，任何一种制度都是人类各种利益博弈和理性选择的结果。（2）制度是一种公共品。制度作为一种行为规范，它并不是针对某一个人的，即为某一个人的制度安排，而是一种公共规则。（3）制度和组织是完全不同的。制度是人们创造的、用以约束人们之间相互交往的行为框架，是社会游戏的规则。如果说制度就是社会博弈的规则，组织就是社会博弈的玩家。①

二、制度的构成

制度通过提供一系列规则约束人们之间的相互关系，界定人类行为选择的空间，从而减少人们之间相互交往中的不确定性，减少交易费用，保护产权，促进生产性活动。制度究竟是怎样构成的？新制度经济学界对制度的构成有多种说法，本书主要介绍诺斯和菲尼关于制度的构成理论。

（一）诺斯的制度构成理论

诺斯将制度的构成分为三个部分：正式规则、非正式规则和实施机制。

1. 正式规则

正式规则是指人们有意识创造并用来约束人们行为和动机的一系列的政策法则。正式规则主要包括政治规则、经济规则和契约，以及由这一系列规则构成的一种等级结构。例如宪法，成文法，不成文法，到个别契约，都属于正式规则，它们共同约束着人们的行为。正如诺斯所说："政治规则可以定义为政治团体的等级结构，以及它的基本决策结构和支配议事日程的清晰特征；经济规则用于界定产权，即关于使用财产并从中获取收入的权利束，以及转让一种资产或资源的能力；契约则是对交换中一个具体决议的特定条款。"②

---

① 参见诺斯：《制度变迁理论纲要》，中国城市出版社 1999 年版。

② 道格拉斯 · C. 诺斯：《制度、制度变迁与经济绩效》，上海三联书店 1994 年版，第 64 页。

诺斯认为，政治规则一般决定经济规则。例如宪法，它就规范着一切经济规则；一个国家经济规则的制定，必须以宪法为准则。诺斯还指出，政治规则并不是按照效率原则发展的，它受到政治的、军事的、社会的、历史的和意识形态的约束。一个民族完全有可能长期地处于低效率的经济制度中。诺斯在这个问题上的分析有其独到之处。

2. 非正式规则

非正式规则是人们在长期交往过程中无意识形成的，并代代相传的一种文化规则。非正式规则具有持久的生命力，它主要包括价值信念、风俗习性、伦理规范、意识形态等因素。在这些非正式规则中，意识形态处于核心地位，因为它不仅蕴含着价值信念、风俗习性、伦理规范和道德观念，而且还可以在形式上构成各种正式规则安排的“先验模式”①。正如诺斯所说：“有组织的意识形态以及宗教理想在经济和社会中起着重大作用。”②

3. 实施机制

实施机制是制度构成的第三部分。衡量一个国家的制度是否有效，除了要看这个国家的正式规则与非正式规则完善与否外，更为重要的就是看这个国家是否具有强有力的实施机制。离开了健全的实施机制，任何制度尤其是正式规则就起不到应有的作用，只能是形同虚设。随着人类社会和经济活动复杂程度的不断提高，各种交易活动也日趋频繁和复杂，基于信息不对称及人的有限理性和机会主义行为所导致的对契约的违背或偏离，就要求必须建立起强有力的实施机制。检验一个国家的制度实施机制是否真正有效，关键要看在该国的违约者付出的成本的高低。一个强有力的实施机制将使违约代价极其高昂，从而使得任何违约行为的收益都小于所支出的成本，违约行为也就变得不再划算。

---

① 道格拉斯·C. 诺斯：《制度、制度变迁与经济绩效》，上海三联书店1994年版，第53～62页。

② 道格拉斯·C. 诺斯：《制度、制度变迁与经济绩效》，上海三联书店1994年版，第61页。

在现实生活中，由于国家具有暴力方面的比较优势，一般情况下，制度实施的主体都是国家，交易的双方都是委托国家来执行实施职能，因为由国家来保障制度实施，是最节约成本的一种方法。既然交易的双方都委托国家来执行实施职能，那么交易双方都会与国家之间形成一种委托—代理关系。国家能否有效行使实施职能同样要受到两大因素的影响：（1）实施者本身有自己的效用函数，他们代理形式实施职能要受到自身利益的影响；（2）实施者发现、衡量违约行为和惩罚违约者也要花费成本，实施者自身在行使代理职能时也要经过成本—收益的衡量。

4. 正式规则与非正式规则的联系与区别

正式规则与非正式规则既有联系又有区别。从历史发展的轨迹来看，在没有制定出正式规则之前，人们主要靠非正式规则来调节相互之间的关系。即便到了现代社会，我们也可以看到，正式规则在整个制度中也只占很少的一部分，人们生活的大部分空间仍然是由非正式规则来调节的。非正式规则对人们之间相互关系的约束可以减少衡量和实施成本，使得交易更容易发生。但是非正式规则又有其自身的局限性，由于信息不对称及人的有限理性和机会主义行为的存在，如果没有正式规则所具有的强制性，导致实施成本增加，复杂的交换就难以发生。

正式规则与非正式规则的区别主要有如下三个方面：（1）从变革的速度来看，正式规则的改变可以在一夜之间，而非正式规则的改变却只能是一个长期的缓慢的过程。（2）从制度的可移植性看，一些正式规则尤其是那些具有国际惯例性质的规则，可以从一个国家移植到另一个国家；而非正式规则因其固有的内在的传统性和历史积淀性，使得它很难在国家与国家之间、区域与区域之间移植；移植后能否最终成功完全取决于移植国家的技术变迁情况及该国的文化遗产对移植对象的相容程度。（3）从制度的实施机制来看，正式规则依据的是政府的强制手段，如通过军队、警察、监狱等暴力机器来强制实施，而非正式规则则主要取决社会成员的相互作用和他们对某种习惯的自发遵从。

（二）戴维·菲尼的制度构成理论

戴维·菲尼把制度分为三种类型①：

1. 宪政秩序

宪政秩序是确立生产、交换和分配基础的一整套政治、法律和社会的基本规则。这些规则一经制定，就要比以它们为依据制定出来的操作规则更难以变动。因此，宪政秩序是确定集体选择条件的规则，是制定规则的规则，因而变化缓慢。

2. 制度安排

制度安排是在宪政秩序框架内所创立的一系列正式规则，包括法律、法规、规章、合同等。

3. 规范性行为准则

这个概念包括拉坦和速水提到的“文化背景”和诺斯制度构成理论中的“意识形态”含义。但这些规范性行为准则对于赋予宪政秩序和制度安排以合法性都是很重要的，因为它们为规范性研究社会提供了基础。

（三）诺斯和菲尼制度构成理论的对比

诺斯和菲尼关于制度的构成对比见表 2-1-1。

表 2-1-1　　诺斯和菲尼关于制度的构成对比

	制度				
诺斯对制度的分类	正式规则			非正式规则	实施机制
	政治规则	经济规则	契约	价值信念、伦理规范道德观念、意识形态	
菲尼对制度的分类	宪法秩序	制度安排		规范性行为准则	

① V. 奥斯特罗姆、D. 菲尼、H. 皮希特：《制度分析和发展的反思》，商务印书馆 1992 年版，第 134 ~ 135 页。

续表

		制度		
共同点		减少信息的不对称性、降低不确定性、降低交易费用、抑制人的机会主义行为，减低监督和实施成本		
不同点	属性	有意识性和强制性	经验性与自发性	
	变革速度	快	慢	
	实施机制	主要依靠政府的强制手段	主要取决于社会成员的相互作用和自发遵从	
	可移植性	较易移植	很难移植	

三、制度的功能

（一）降低交易费用

在新古典经济学家关于资源配置的分析框架中，假定交易费用为零，得出的结论必然是市场是最有效率的资源配置手段。在交易费用为正的情况下，对资源配置的分析就不再这么简单了。交易所实现的资源配置的效率也必须在抵消了其交易费用后再作比较。那么不同制度因其所形成的交易费用不同，或者说因其在交易费用节约方面作用的不同，其效率会有所差异。在这种条件下，制度不再是无关紧要的，换句话说，制度也可以降低交易费用，这是制度的基本功能之一。

（二）为实现合作创造条件

竞争与合作是一对矛盾的统一体。如果竞争能产生效益，则合作能产生和谐。古典经济学更多的强调的是经济当事人之间的竞争，而对合作则有些忽略。从这种意义上讲，制度的功能就是为实现合作创造条件，保证合作的顺利进行。因此，制度就是人们在社会分工与协作过程中彼此愿意遵从的经过多次博弈达成的一系列契约的总和。可以说制度为人们的广泛合作提供了一个基本框架，它的作用就是把阻碍合作的因素减少到最低，减少信息成本和环境的不确定性，规范人们之间的相互关系，使得合作得以进行。在复杂的非个人交换行为中，制度显得更加重要。

（三）提供了激励和约束机制

制度的功能主要是指制度在现实经济活动中所发挥的激励和约束作用，这种作用从静态上体现为维系复杂的经济系统运转的作用；从动态上体现为推动经济持续增长的作用。在新制度经济学看来，制度的主要功能就是在信息不对称的情况下，充分认识到人的理性是有限的，并通过对人的机会主义行为的限制，以保证现实生活中各种经济活动（交易活动）能够有效率地进行。

为什么同样一个人在甲国工作积极性很高，而在乙国就不高呢？为什么同样一个人在甲国很守规矩而在乙国则变成破坏规矩的人呢？原因很简单，就是因为甲国和乙国的制度环境不同，因而构成其制度的正式规则、非正式规则及实施机制均有不同，尤其是制度所提供的激励和约束机制不同，导致同一个人在不同的制度环境下其个人行为选择的不同。由此可见，不同的制度环境和制度安排，对人们行为的最终选择起着极为关键的作用。这也正是制度最主要的功能。

第二节　制度安排的需求与供给分析框架

本章从制度变迁的基本概念入手，重点介绍关于制度安排的需求与供给分析框架。

一、制度变迁的概念

尽管现在讨论制度变迁的文献很多，但对于什么是制度变迁这一基本的问题，仍然没有一个特别明确的说法。制度变迁在英文原文中是“institutional change”。“change”一词在英文中的本义是“变化”和“改变”，而中文中的“变迁”有“演变”和“进化”之意，二者似乎多少存在一些区别。但是，诺斯在其《制度、制度变迁与经济绩效》第一篇就开宗明义明确提出“制度是一个社会的博弈规则，或者更规范地说，它们是一些人为设计的、型塑人们互动关系的约束。从而制度构造了人们在政治、社会和经济领域里交换的激励。制度变迁决定人类历史中的社会演化方式，因而是理解历史变迁的关键。"① 从诺斯的论述中，把"institutional change"译为"制度变迁"是合适的。本书也比较认同这一定义，制度变迁就是一种效率更高的制度对原有制度的替代过程，体现的是人类历史中的社会演化方式。从这种意义上来说，制度变迁就是制度创新，二者具有完全相同的含义。

二、制度的需求与供给

我们知道，经济学中的均衡与非均衡都是由需求与供给关系及其变化决定的，因此，制度变迁也可以用"需求—供给"这一经典的理论框架进行分析。

（一）制度安排的需求与供给分析框架

制度被分为宪政秩序、制度安排和规范性行为准则三种类型。宪政秩序是确立生产、交换和分配基础的一整套政治、社会和法律的基本规则，是制定规则的规则；制度安排是在宪政秩序框架内所创立的一系列正式规则，包括法律、法规、规章、合同等；规范性行为准则则可以理解为植根于本民族或国家文化传统的非正式规则。由于宪政秩序和规范性行为准则一经形成就不易显著变化，而制度安排相对活跃，容易变动，在戴维·菲尼总结的这一分析框架内，宪政秩序和规范性行为准则被看做外生变量，而制度安排及其利用程度则被看做内生变量。这一分析框架虽然无法对宪政秩序和规范性行为准则的变化作出分析，但在给定的制度环境下，分析一项具体的制度安排的创新和变迁，应该说是非常实用和有效的。

本书对我国职业安全与健康监管体制创新的研究，也正是建立在这一制度安排的需求与供给分析框架之上。

---

① 诺斯：《制度、制度变迁与经济绩效》，杭行译，韦森校，上海三联书店2008年版，第3页。

（二）制度需求的影响因素

按照这一理论分析框架，制度安排的需求与供给的变化将会直接导致制度安排及制度安排利用程度的变化。那么究竟是哪些因素影响着制度的需求与供给呢？

人为什么会产生对新的制度安排的需求呢？诺斯认为，“正是获利能力无法在现存的制度结构内实现，才导致了一种新的制定安排的形成”①。菲尼也认为，“按照现有的制度安排，无法获得某些潜在的利益。行为者认识到，改变现有的制度安排，他们能够获得在原有制度安排下得不到的利益，这里就会产生改变现有制度安排的需求②。人们对制度安排的需求，是因为在现有制度安排下，人们无法获得潜在的利益。因此，一旦人们经过比较发现，创立和利用新的制度安排的预期收益大于预期成本，就会产生对新的制度安排的需求。具体来说影响制度需求的主要因素有：

1. 产品和要素的相对价格变化

舒尔茨在1968年的《制度与人的经济价值的不断提高》一文中指出：“人的经济价值的不断提高，产生了保护人类资本权利的制度变迁的需求。”“人的经济价值的提高产生了对制度的新的需求，一些政治和法律制度就是用来满足这些需求的。”③舒尔茨的这一论断表明，产品和要素相对价格的变化，改变了人们之间的激励结构，同时也改变了人们相互之间讨价还价的能力，这样就会导致重新缔约的努力出现，这种重现缔约的努力的出现，则表明制度出现了非均衡。

2. 宪政秩序变化

宪政秩序或政权基本规则的变化，深刻地影响着创立新的制度

① 转引自科斯等：《财产权利与制度变迁》，上海三联书店1994年版，第296页。

② 参见V. 奥斯特罗姆、D. 菲尼、H. 皮希特：《制度分析与发展的反思》，商务印书馆1992年版，第138页。

③ 转引自科斯等：《财产权利与制度变迁》，上海三联书店1994年版，第251页。

安排的预期收益与成本的比较，因为宪政秩序是制定规则的规则，它直接决定着其他一切经济规制，因而也就深刻影响着对创立新的制度安排的需求。

3. 技术变化

马克思这一著名论断，深刻揭示了技术变化决定制度结构及其变化。技术变化是推动制度变迁的一个强有力因素，因为技术的变化带来的往往是对创立新的制度安排的预期收益为正，这一潜在利润的存在正是制度变迁需求的一个重要推动力。技术的变化及其发展水平对制度变迁的影响是多方面的。例如，技术的进步能降低产权的排他性费用，从而使私有产权制度成为可能；技术的进步降低了交易费用并使得原先不起作用的某些制度安排起作用。这些例子表明，技术的进步是制度变迁过程中制度需求因素出现的一个重要推动力。

4. 市场规模

市场规模一扩大，意味着固定成本可以通过很多次的交易、而不是相对很少的几笔交易收回，因此市场规模也是影响制度需求的一个重要因素。这样，固定成本就不再是制度安排创新过程中一个巨大障碍了。同时，市场规模的扩大，产生了规模经济效应，使得一些与规模经济相适应的制度安排，如股份公司、跨国公司等得以创新。

（三）制度供给的影响因素

制度变迁除了受需求方面的因素影响之外，还受供给方面因素的制约。制度变迁的供给，是指一种新制度的“生产者”在制度变迁收益大于制度变迁成本的情况下设计和推动制度变迁的活动，它是制度变迁的“生产者”供给愿望和供给能力的统一[1]。在诺斯看来，制度的供给主要取决于政治秩序或政治系统提供新的制度安排的意愿和能力。具体来说，影响制度供给的因素主要有如下八个方面：

1. 宪政秩序

诺曼·尼科尔森总结了宪政秩序影响制度安排的供给的四个方面：（1）宪政秩序直接影响进入政治体系的成本和建立新制度的

立法基础的难易度。(2) 宪政秩序可能有助于自由的调查和社会实践，或者可能起根本性的压制作用。(3) 一种稳定而有活力的宪政秩序会给政治经济引入一种文明秩序的意识 (4) 宪政秩序为制度安排规定了选择空间并影响着制度变迁的进程和方式。

2. 现行制度安排

一般来说，初始的制度选择会强化现存制度的刺激及惯性，因为沿着原有制度变迁的路径和既定的方向前进，总是比另辟蹊径要方便得多，这就是所谓的“路径依赖效应”。“路径依赖效应”表明，现有的制度安排会影响新的制度安排的选择。“路径依赖效应”的形成还有一个非常重要的原因就是，在现存制度安排中已经形成了一个既得利益集团或一种既得利益格局。尽管有时候制度出现了非均衡，但既得利益集团将竭力维持现存制度安排而获得利益，有时要克服既得利益集团的阻碍所需要付出的成本相当高昂，因此，现行的制度安排无疑会影响到新制度的供给。

3. 新制度的设计成本

每一项预期能带来收益的制度安排的设计都需要耗费各方面的成本。这种成本主要取决于设计所耗费的人力资源和其他资源的要素价格。无疑，新的制度安排越复杂，可借鉴程度越低，耗费的成本越大。在既定的法律制度下，要作出新的制度安排，通常必须有立法或司法制度或两者兼有。如果维持立法机关或司法机关的费用很高，那么制度安排设计的耗费也将不菲。

4. 知识积累和社会科学知识的进步

制度安排的选择集受知识积累和社会科学知识的限制。即便政府有意发起一场正确的强制性的制度变迁，也会由于知识积累不够和不知如何设计和推行新的制度安排而导致制度变迁无法进行。

5. 实施制度变迁的预期成本

新制度预期实施的成本越小，其推行的可能性也就越大。履行各种正式规则实施职能的主要机构是国家或政府，显然国家或政府自身效用函数对新制度实施的预期成本影响较大。

6. 规范性的行为准则或文化因素

新制度经济学制度变迁理论的一个重要观点就是：规范性行为

准则是制约制度供给的一个重要潜在因素。

7. 公众的态度

公众对制度变迁的支持或反对，不仅影响着制度变迁的成本，也会影响制度安排的选择空间。如果一项新的制度安排能得到大多数公众的支持，显然这项制度实施的预期成本就低，制度变迁的主体也就更有意愿来供给；反之，受到大多数公众反对的制度创新，就实施不下去，即便是强制性地推行，其效果也会大打折扣。

8. 决策者的预期收益

当上层决策者试图进行制度创新以解决各个既得利益集团之间的冲突时，其自身的预期收益对这一变迁过程也起着相当关键的作用。只有在上层决策者预期从制度变迁中获得收益超过了变革所需调动的各类资源的成本时，制度创新才会被提供出来。有一点必须要注意，社会净收益的存在并不会必然导致有效的制度供给，因为上层决策者的预期收益并不一定等于社会净收益，制度的有效供给更主要的是取决于一个社会中既得利益集团之间的权力结构或平衡。在一个高度集权的国家，决策者处于一种控制地位，他们对制度安排的供给影响极大，如果这些决策者的预期收益与成本与社会净收益和成本相一致，就能积极推动制度安排的变迁；如果制度创新预期会导致决策者利益（政治利益、经济利益）的损失，即便是它预计能给整个社会带来巨大的净收益，这种创新也不会出现。

综上所述，在制度均衡状态下，各种影响制度需求与供给的因素的变化，都将导致制度非均衡状态的出现。制度安排从供求均衡状态到供求非均衡状态再到供求均衡状态的动态调整过程，就是一个经济社会的制度变迁或制度创新过程。

第三节 制度变迁的主体、动因及方式

一、制度变迁的主体

制度变迁有没有主体？对这个问题目前主要存在两种完全相左的看法：一种以哈耶克为代表；另一种则以诺斯为代表。哈耶克认

为制度变迁是没有主体的，因为制度变迁是一个自然演进的过程，而且人本身也是受某些制度因素决定的，是与制度一起变迁的。在哈耶克的眼中，制度是在人们相互交往的行动过程中，经过不断地“试错过程”和“适者生存”的实践而生成，并经过一个演进过程而自发扩展。诺斯的观点则完全相反，他认为制度变迁完全是由人们的意志来决定的，是人们认为设计和选择的结果，所以制度变迁不仅有主体，而且制度变迁的方向完全取决于主体。诺斯认为，只要是有意识地推动制度变迁或者对制度变迁施加影响的单位，都可以成为制度变迁的主体。制度变迁的主体可以是一个国家、一个政府、一个阶级（阶层）、一个企业、一个组织或者个人，也可以是一个自愿结成的或松散或紧密的团体。笔者比较赞同诺斯的观点，因为哈耶克的观点有一个致命之处，他不能很好地解释国与国之间经济发展上为什么还存在如此大的差异，而诺斯则认为国与国之间经济绩效的差异正是制度选择的不同造成的。

制度变迁的主体究竟是什么？在借鉴熊彼特的企业家创新理论的基础上，诺斯认为：制度变迁的主体就是广义“企业家”。他认为在资源稀缺的前提下，出于竞争的需要，各类组织和企业家为了生存必须加紧学习，在不断学习的过程中，这些组织和企业家发现了潜在利润的存在，并进而创新现有制度，以使潜在利润现实化。在诺斯看来，这些组织既包括经济组织，也包括政治组织。政治组织也是政治性企业，政治家也是企业家，他们都有自己的效用函数。政府、团体和个人这三个层次的制度变迁主体都是追求自身利润最大化的“企业家”。诺斯通过这一演绎，把政府也等同于其他主体，将政府制度变迁的方式、动力、组织实施方面的复杂性、差异性简化为企业家的经济行为，使得对政府这一制度变迁主体的制度经济学分析更加方便。

二、制度变迁的动因分析

新制度经济学家研究制度变迁是以正统经济学的框架为基础来进行的，虽有超越但没有完全离开这个框架。因此，新制度经济学仍然是从制度变迁主体的行为和动机来解释制度变迁的动因的。制度变迁的主体都是财富最大化者或效用最大化者。无论是政府、团体、个人，他们从事制度创新与变迁的最终目的，都是最大化自己的利益。因此可以说，主体期望获得最大的“潜在利润”或者“外部利润”的意愿正是制度变迁的内在推动力，正是这种潜在的利润无法在现有的制度结构内获得，才导致制度变迁的主体推动新的制度安排的形成。如果没有潜在的利润的存在和主体期望获得这些制度变迁的强烈意愿，就不可能有制度变迁；只有当制度变迁的主体所获得的收益大于为此而支付的成本时，制度创新和变迁才有可能发生。

制度变迁主体在预期收益—成本的计算上，也存在一些不同看法，因为制度变迁所涉及的收益—成本比一般经济活动所涉及的成本—收益更加复杂，比如制度变迁的三类主体个人、团体和国家它们各自的效用函数就不相同。前二者效用函数里考虑经济因素更多一点，而国家的效用函数里除了考虑经济因素，一些非经济因素（统治的合法性、政治的支持度、利益集团的压力等）往往占有很重要的比例，而非经济因素往往难以计量。因此有学者认为：新制度经济学派难以准确计量制度变迁所涉及的收益—成本，也是新制度经济学的一个明显局限。我国学者卢现详则不认同这种观点，他认为这些成本与收益却能被制度变迁的主体轻易估算出来，这种估算也能影响制度变迁。本书也赞同这一观点，作为一个国家的统治者，他的效用函数中一些非经济因素的考虑往往非常重要（统治的合法性、政治的支持度、利益集团的压力等），虽不可精确计量，但能进行“估算”和“类比”，这种“估算”和“类比”的结果也能影响到制度的变迁。正是这些非经济因素的存在，统治者的效用最大化可能与作为整体的社会财富最大化并不一致，因此统治者所提供的制度安排也并不总是整体社会财富最大化所要求的完全有效率的制度安排，即统治者常常会维持一种低效率的制度安排。

三、制度变迁的方式

制度变迁实际上是对制度非均衡的一种反应。由于制度存在着正式规则和非正式规则之分，而且二者具有不同的属性，因此它们的变迁方式也不相同。

（一）非正式规则的变迁

对于非正式规则（理想信念、价值观念、伦理规范、风俗习惯等）来说，其规则的修改和变动纯粹由个人来完成，完全取决于个人对于创新所带来的收益与成本的衡量。由于害怕受到社会的排斥，尽管来自违反非正式规则的收益看起来非常大，个人还是不情愿违反非正式规则。只有当制度非均衡所带来的预期收益足够大，大到足以抵消潜在的成本时，个人便会努力接受新的理想信念、价值观念、伦理规范和风俗习惯等。非正式规则总是显示出一种比正式规则更难以变迁的态势，即使有政府的强制性行动，这种变迁也不容易发生。

（二）正式规则的变迁

从不同角度可以对正式规则变迁的方式做出多种划分，其中比较典型的是将其划分为三类：一类是渐进式变迁与激进式变迁；第二类是诱致性制度变迁和强制性制度变迁；第三类是需求主导型变迁与供给主导型变迁等不同模式。基于分析问题的需要，本书主要介绍诱致性制度变迁和强制性制度变迁模式。

林毅夫 1989 年发表的《关于制度变迁的经济学理论：诱致性变迁和强制性变迁》，首次将制度变迁区分诱致性制度变迁和强制性制度变迁这两种类型，受到了舒尔茨等著名经济学家的赞誉，并获得了学界的接受。按照林毅夫的理解，诱致性制度变迁是指由一群人自发倡导、组织和实行的制度变迁。这种变迁是一群（个）人在响应制度不均衡引致的获利机会时所进行的自发性变迁；而强制性制度变迁是指由政府命令和法律引入和实行的变迁。因此，一般情况下，由国家或集团主导的制度变迁均是强制性制度变迁。

正是因为在原有的制度安排下无法得到潜在的利润而引起诱致性制度变迁，但该制度变迁能否发生，却取决于创新者的预期收益与成本的对比。对于正式规则安排来讲，其规则的变动或修改，需要得到受这一制度安排管束的一群人的允许，换句话说，没有异议或者通过博弈达成一致性同意原则是一个自发的、诱致性制度变迁的前提。因此，正式规则的变迁，变迁主体必须花时间、精力去组织、谈判并得到这群人的一致性同意，这必然使得变迁主体不得不面临高额的组织和谈判成本。与此同时，诱致性制度变迁面临的另外一个突出问题是“外部性”和“搭便车”问题。显然，制度创新不能获得专利，其他人可以轻易模仿这种创新而不付费；且制度属于“公共物品”，每一个受到制度约束的个人，不管其是否承担了创新初期的成本，都能够得到相同的服务。由于“外部性”和“搭便车”问题的广泛存在，制度创新者往往缺乏必要的激励去创新，因此，制度创新和变迁的密度和频率将少于作为整体的社会最佳量，制度的非均衡将会持续地出现。正如林毅夫所认为的：“如果诱致性制度变迁方式是新制度安排的唯一来源的话，那么一个社会中制度安排的供给将始终少于社会的最优量。”

在人类历史上，自从国家产生以来，在一国范围内的正式规则的供给都是由国家的权力中心——政府或统治者这一主体提供的。正式规则的特点决定了其主要变迁的形式为强制性制度变迁。国家之所以是制度变迁的主体，是由于国家与其他制度变迁主体相比具有暴力方面的比较优势，这种优势使其处于界定产权和行使产权的地位，从而成为制度变迁的主要供给者和推动者。这个暴力的范畴不仅仅包括军队、警察、法院、监狱等暴力工具，也包括权威、特权和垄断权等。因此，国家可以通过这些工具和权威克服制度变迁中的“外部性”和“搭便车”问题，并相应地带来规模经济效应，在面临已经出现的制度变迁需求时，能够在较短的时间内以较低的成本迅速带来正式规则的创新，从而弥补仅仅由诱致性制度变迁所造成的制度供给不足问题。

新制度经济学家们尽管在理论上将制度变迁区分为诱致性变迁和强制性变迁，但在实际生活中二者很难完全分开。这两种制度变迁方式相互联系、相互补充、相互制约，共同推动着社会的各类制度变迁。诱致性制度变迁与强制性制度变迁，既有相同点，也有不同点。相同点就在于它们都是由制度非均衡导致获利机会出现后才引发的，都是对制度非均衡的一种反应，都遵循收益—成本的比较原则等；不同点在于：（1）变迁的主体不同。诱致性制度变迁的主体是个人或一群人或是团体，而强制性制度变迁的主体是国家或政府。诱致性制度变迁主体集合的形成主要依据经济原则和共同的利益，而国家进行制度变迁的诱因则不仅仅包含经济原则，还包含政治原则。（2）变迁的优势不同。诱致性制度变迁主要是依据经济原则和一致性同意原则，因而具有较高的效率。强制性制度变迁的优势在于，它能充分发挥国家或政府的强制力和暴力比较优势，并以最短、最快的速度推行制度变迁，从而降低制度变迁的成本。（3）各自面临的问题不同。诱致性制度变迁面临的问题主要是"外部性"和"搭便车"问题，而强制性制度变迁则面临着统治者的有限理性、意识形态刚性、官僚政治、集团利益冲突等问题。（4）二者的影响因素不同。诱致性制度变迁，经济因素对制度变迁的成本影响较大，而强制性制度变迁，政治因素和意识形态因素影响较大。

第四节 制度变迁的过程

在详述了制度变迁的供求分析框架、变迁主体、动因分析及变迁方式后，我们需要进一步考察制度变迁的动态发生过程。

一、制度变迁的过程

一次制度变迁的全过程就是一个制度变迁的周期。新制度经济学家重视对制度变迁过程的具体分析，但是对于一个变迁过程所经历的具体阶段则没有一致的划分。迄今为止，为新制度经济学界较为普遍接受的是诺斯的关于制度变迁过程的划分。

诺斯对于制度变迁的理论模型作出了如下假定：制度变迁主体期望获得最大的潜在利润是制度变迁的主要诱致因素。由于这种潜在利润不能在既有的制度结构中获得，必须进行制度创新。这种新的制度安排的就能使显露在现存制度安排结构外面的利润内部化，让潜在的利润变为现实的利润。对于诺斯的制度变迁过程我们可以归纳如下：产品和要素相对价格的改变（潜在利润出现）——制度非均衡出现——产生初级行动团体——次级行动团体提供必要的制度装置——制度均衡再现（外部利润内部化）。初级行动团体，基于成本——收益的考虑，认识到在现有制度安排和制度结构中存在潜在利润，只要他们能改变现有制度安排和制度结构，这些潜在利润就能变成现实增加的收入。初级行动团体的产生，表明制度出现了非均衡状态。为了改善其团体成员的处境，初级行动团体会采取相应的制度创新行动。当然他们也可以采取最直接的强制性制度变迁方式，通过强制力迅速贯彻对其有利的新的制度安排和制度结构。但这样做的前提是他们拥有足够的权威和合法性的支持。否则，为了尽可能降低交易成本，他们就需要借助次级行动团体来创造所需的权威和合法性。次级行动团体一般表现为具有一定政策影响力或决策能力的官僚机构或组织，他们可以将初级行动团体的制度变迁动议解释得足够大众利益化，从而获得足够的合法性支持，并随之提供必要的制度装置。当这些制度装置被应用于新的制度安排和制度结构时，行动团体（包括初级行动团体和次级行动团体）就可以利用它们来获得外在于现有制度安排和制度结构的收入，从而完成制度变迁过程①。

诺斯指出，经过上述过程，制度安排会达至均衡，但由于受制度需求和供给因素变化的影响，制度又出现非均衡，为此又要进行制度创新，于是一个新的制度变迁周期又开始了。

二、制度变迁的“时滞”

一般认为，诺斯的制度变迁模型是一种“滞后”供给模型：即制度的创新滞后于潜在利润的出现，潜在利润的出现和使潜在利润内部化的制度安排之间存在着一定的时间间隔，这一时间间隔就是制度变迁的“时滞”，也就是从认知和组织制度变迁到启动制度变迁有一个过程，这个过程就是制度变迁中的时滞。根据制度变迁

---

① 丁煌、郑雪峰：《我国小煤矿“关而不死”现象的制度变迁分析》，载《云南行政学院学报》2009年第3期，第60～61页。

的一般过程，诺斯等人将制度变迁“时滞”分为四部分：（1）认知和组织时滞，即从辨识外部利润到组织初级行动团体所需要的时间。（2）发明时滞，新的制度安排的发明需要时间，也就是方案设计的时间。（3）“菜单选择”时滞，在制度选择集合中选定一个能满足初级行动团体最大化利润的新制度安排需要一定的时间。（4）“启动”时滞，即可选择的最佳制度安排和开始旨在获取外部利润的实际操作之间存在时间间隔。

第五节　制度变迁理论的适切性分析

以诺斯为代表的制度变迁理论尽管是从西方国家的“历史与现实”中提炼出来，但制度变迁理论中的方法论——制度分析方法反而受到了广大发展中国家的欢迎，这一理论分析方法尤其适合分析处于新旧体制转轨的国家。因此，本节专门对运用制度变迁理论来分析我国的职业安全与健康监管体制创新的适切性作一简要分析。

一、制度变迁理论是研究当前我国非经济领域现实问题的一种流行的理论工具

中国尚处在从传统的计划经济体制向现代的市场经济体制的转型期，这一转型的过程实际上就是一个制度变迁的过程。在众多的制度变迁理论中，由诺斯等人创立的制度变迁理论被认为是制度变迁的一般理论模型。“诺斯理论模型”所揭示的引起制度变迁的动力，制度变迁的主体，制度变迁的方式，影响制度变迁的需求和供给因素分析，尤其对制度均衡到非均衡再到均衡的制度变迁过程的描述，使制度变迁理论更加接近于客观现实。诺斯制度变迁理论中的方法论一制度分析方法，实质上是一种关于行为主体利益关系的分析方法，这种分析方法主要强调的就是：制度在影响个体行为和动机选择从而影响经济社会发展方面起着至关重要的作用。正如诺斯所说：“制度是一个社会的博弈规则，或者更规范地说，它们是一些人为设计的、型塑人们互动关系的约束。”人们设计一种制

度，实际上就是设计一个利益分配的方案，制度安排的稳定存在，就说明各方之间的利益经过反复博弈达成了均衡。当制度发生变迁时，即用新的制度替代旧的制度时，各种利益关系就又重新处于动荡不定之中，从而出现了利益的再分配。利益分配、利益冲突以及对利益冲突的解决，构成了制度变迁的全过程。只有当人们设计出来的制度能让人们相互之间的利益关系调整至均衡状态时，制度才可能重新处于均衡状态，这时，一个制度变迁的周期才宣告完成。

我国学者李景鹏指出，“政治现象的最深厚的基础即利益问题。政治现象所涉及的一切问题都是与各种主体的利益密切相关的”①。美国学者詹姆斯·马奇和约翰·奥尔森指出，制度主义的思维方式强调制度因素在为混乱无序的世界建立起秩序过程中所起的重要作用。以往的政治理论研究不太愿意把政治结局归因为导致某种行为的规则，新制度主义则力图把对制度的关注与当代政治理论的要素结合起来，它或许代表了政治理论研究的一种方向②。由此可知，新制度经济学制度变迁理论所提供的制度分析方法并不一定只局限于分析经济问题，从制度视角也可以分析政治问题或者非经济问题，因为政治问题或非经济问题，最终都会归结到利益关系调节问题。换言之，采用制度分析方法来研究政治问题或非经济问题，可以为政治问题或非经济问题的解决寻求制度性的解决方案。

也正是基于这样一种认识，新制度经济学在我国落叶生根之后得到了长足的发展，运用新制度经济学的制度变迁理论分析解释我国改革开放进程中出现的政治问题或非经济问题的学者也与日俱增。由著名学者张曙光主编的《中国制度变迁的案例研究》是研究制度变迁理论的重要成果，该论文集已出六集，收录了众多名家的文章，有杨瑞龙的《“中间扩散”的制度变迁方式与地方政府的创新行为——江苏昆山自费经济技术开发区案例分析》、张宗胜的

① 李景鹏：《权力政治学》，黑龙江教育出版社 1995 年版，第 13 页。

② 参见詹姆斯·马奇、约翰·奥尔森：《新制度主义：政治生活中的组织因素》，载《经济社会体制比较》1996 年第 1 期，原载于《美国政治科学评论》1984 年第 3 期，总第 78 卷。

《价格管制复归的制度变迁分析——天津市鸡蛋价格管制剖析》、刘守英的《中国农地集体所有制的结构与变迁：来自于村庄的经验》等。韩玲梅、黄祖辉运用制度变迁理论分析农村妇女参与村民自治的情况①。杨得前在《新制度经济学视角下的我国农村税费制度变迁》中运用新制度经济学的制度变迁理论成功分析了我国农村税费制度的变迁②。本书在关于制度变迁理论文献综述部分也列举若干运用新制度经济学制度变迁理论作为理论分析工具来研究当前我国非经济领域改革的研究成果。总的来说，学界在研究当前我国非经济领域改革问题和现象时，新制度经济学的制度变迁理论往往作为一种流行的分析工具而得到普遍运用。

二、制度安排的需求和供给分析框架与我国职业安全与健康监管体制创新研究的契合

在戴维·菲尼总结的制度安排的需求与供给的分析框架中，制度被分为宪政秩序、制度安排和规范性行为准则三种类型。宪政秩序是界定社会的产权和控制的基础性规则，是制定规则的规则；制度安排是在宪政秩序下界定交易关系的一系列正式规则；规范性行为准则则可以理解为植根于文化传统的非正式规则。在这一分析框架内，宪政秩序和规范性行为准则被看作外生变量，而制度安排及其利用程度则被看作内生变量。因为前二者一经形成就不易显著变化，而后者相对活跃，容易变动。虽然这一分析框架无法对宪政秩序和规范性行为准则的变化作出分析，但在给定的制度环境下，分析一项具体的制度安排的创新和变迁，应该说是非常实用和有效的。

我国职业安全与健康监管制度是我国行政管理制度中的一种类

① 参见韩玲梅、黄祖辉：《"政策失败"、比例失衡与性别和谐——农村妇女参与村民自治的新制度经济学分析》，载《华中师范大学学报（人文社会科学版）》，2006年第4期。

② 参见杨得前：《新制度经济学视角下的我国农村税费制度变迁》，载《农业经济》2005年第6期。

别，对其制度创新进行研究离不开我国基本的宪政秩序、行政管理制度及各项规范性行为准则。党的十七大对我国在新的发展阶段全面建设小康社会进行了全面的部署：以人为本的科学发展观执政理念的提出及加快行政管理体制改革、建设服务型政府成为当前我国宪政秩序和行政管理制度中最显著的变化。同时由于我国尚处在从传统的计划经济体制向现代的市场经济体制的转型期，在这一时期，传统的计划经济体制的诸多影响仍然存在，新的市场经济体制虽已基本建立，但还处在不断规范和完善的过程中。因此，转型期就是一个新旧二元制度并存、传统观念和现代观念相互碰撞的时期。以上三个方面无疑是当前我国基本的制度环境，一经确定不易显著变化。对我国职业安全与健康监管体制创新的研究必须是在这种既定的制度环境中来展开，离开了当前我国基本的制度环境，就无法得出切合实际的研究结论。在这种给定的制度环境中，采用戴维·菲尼经典的制度安排的需求与供给分析框架作为理论工具来分析我国职业安全与健康监管体制具体制度安排的创新，无疑是再合适不过了。本书的研究旨在采用合适理论工具为指导，希望在既定的制度环境下寻找到职业安全与健康监管体制创新过程中具体的制度需求和制度供给影响因素，从而为监管新体制的设计及新体制具体的实现路径奠定理论基础。因此，制度变迁理论中制度安排的需求与供给分析框架与我国职业安全与健康监管体制创新研究之间具有天然的契合性。

第三章

我国职业安全与健康监管体制的变迁与问题

本章主要从职能划分、组织结构设置、权利配置及行政运行机制四个方面对我国职业安全与健康监管体制的变迁过程进行描述，并对现阶段我国职业安全与健康监管体制现状进行分析，找出存在的主要问题。由于我国职业安全与健康监管体制的变迁始终是与我国行政管理体制的变迁相伴随的，为分析问题的方便，本章先行介绍我国行政管理体制的变迁过程。

第一节　我国行政管理体制变迁的过程

中华人民共和国成立后，党和政府首先面临的就是如何迅速恢复和重建历经战火破坏而千疮百孔的国民经济，解决4亿多人口的吃饭、穿衣问题。在当时的社会形势下，我国采取了计划经济体制下的全能型政府职能模式，由政府对经济及社会生活进行全面而广泛地控制，政府成为了社会经济活动的领导者和组织者。这一体制在当时特殊的历史环境下，还是比较适合我国的基本国情的，使得国民经济迅速从千疮百孔的废墟中恢复过来，年轻的共和国在相当短的时期内就建立起了相对独立的工业体系，各项经济指标稳健增长。但这种全能型政府职能模式在随后的时间里就逐渐显示出其固有的弊端：（1）它导致了政府职能的无限膨胀和社会职能的极度萎缩。（2）导致了社会资源和财富的极大浪费。（3）造成了社会生活的过于僵化，例如：管制太严、条框太死、经济缺乏活力、市场主体没有充分的自主权利以及官僚主义、腐败严重等。

改革开放之后，我国的经济体制变革经历了从以计划为主、市场为辅到有计划的商品经济再到社会主义市场经济体制的发展过程。在这一过程当中，我国先后进行了五次以政府机构改革为核心的行政管理体制变革。按照政府机构改革发生的时代特点，我们可以把中国历次政府机构改革划分为四个阶段①：新中国成立初期的政府机构改革（1949—1956 年）；计划经济体制下的政府机构改革（1956—1978 年）；过渡时期的政府机构改革（1978—1993 年）；社会主义市场经济体制下的政府机构改革（1994 年—现在）。

一、新中国成立初期的政府机构改革（1949—1956 年）

1949 年 10 月 1 日，毛泽东主席在天安门城楼上庄严宣告了中华人民共和国的成立。当时全国还没有完全解放，战争仍在继续，政府各级行政机关也没建立，仅仅由全国人民政治协商会议代行中央人民政府的职能，并设政务院来处理日常事务。这一时期的政府机构变动较大，表现在随着国家职能的完善，增加了大量的行政机关，结果造成机构臃肿、效率低下，因此 1954 年进行了我国第一次的政府机构改革，重新厘定了政府职能。

1954 年，首届全国人民代表大会召开，制定了我国第一部社会主义宪法，并以此为依据对政务院机构设置进行了改组。按照《中华人民共和国国务院组织法》，政务院改为国务院，下设 35 个

① 参见辛传海：《中国行政体制改革概论》，中国商务出版社 2006 年版，第 59 页。

部委、8个办公机构、1个秘书局、20个直属机构，共计64个工作部门。从1954年年底开始，对中央和地方机关进行了一次较大规模的精简。中央一级机关的精简包括：（1）在划清业务范围的基础上，调整精简了机构，减少了层次；（2）各级政府机关根据业务工作实际需要，紧缩了编制，明确了新的编制方案；（3）妥善安置精简下来的干部。以后国务院又陆续增设了一些机构，到了1956年，国务院的机构总数达到了81个。

二、计划经济体制下的政府机构改革（1956—1978年）

1956年社会主义改造的完成标志着我国社会主义制度的确立，此后一直到改革开放，我国实行的都是计划经济体制。与经济上的全民所有制相适应，我国在政治上也模仿前苏联实行中央集权制，建立了一整套高度集权的行政管理体制，统一管理国家事务。

这一时期的政府机构改革由于没有涉及政府职能转变，只是在原有体制下的修修补补，因此政府机构改革呈现出明显的反复性。表现在：（1）政府机构改革陷入“精简-膨胀-再精简-再膨胀”的怪圈，政府规模在膨胀和精简中左右徘徊，没有一个适度的规模。如1954年国务院有64个机构，1956年机构改革完成后机构总数为81个，1959年机构改革减为60个，1965年底又达到97个，1966年到1976年的“文化大革命”期间，由于政治运动的冲击，政府机构一度陷入混乱，公、检、法等机构被砸烂，国务院的79个部门被撤销合并为33个，其中还有13个机构归当时的军委办事组、“中央文革工作小组”直接管辖，实际上国务院只剩下了20个机构，机关工作人员减少了2/3以上，直到1975年邓小平复出主持国务院工作后才得到恢复，国务院工作部门重新达到52个的规模①。（2）每一次机构改革都伴随着权力的“下放-上收-再下

① 参见吴爱明、谢庆奎：《当代中国政府与政治》，中国人民大学出版社2004年版。

放-再上收”，中央和地方的权责关系缺乏明确的法律来规范。如1958年的机构改革，为促进经济发展，中央把大量企业、事业单位下放给地方管理，到1961年又陆陆续续收回给中央管理。

三、过渡时期的政府机构改革（1978—1993年）

党的十一届三中全会确立了改革开放的发展战略，中国历史由此掀开了新的一页。所谓改革，就是改变国内僵化的计划经济体制，建立适应经济发展需要的经济体制；所谓开放，就是经济的发展不能局限于国内，要积极和外界交流，在全球范围内配置资源，以加速本国的发展。为什么说从1978年到1993年这一时期为过渡时期？因为这一时期社会主义市场经济体制还处在摸索阶段，还存在很大的争议，在全社会还没有形成共识。

过渡时期的政府机构改革与以前相比，呈现出了许多新的特点：（1）废除领导干部终身制，实行领导干部年轻化战略，积极探索适合中国国情的公务员制度；（2）行政机构改革和政府职能转变相结合，政府由对经济、社会的微观管理逐步转变为宏观管理；（3）与之前进行的机构改革基本上是孤立的相反，这一时期的机构改革开始尝试和其他配套改革相结合。如从1982年开始，国务院自上而下开展了一次历时3年的政府机构改革。这次改革虽仍然以精兵简政为原则，但是注意到了经济体制改革的进一步发展可能对政府机构设置提出的新要求，力求使机构调整为经济体制改革的深化提供条件，大幅度地撤并了经济管理部门，并把其中一些成熟的单位改革为经济组织。1988年的政府机构改革明确提出改革要以转变政府职能为关键，要求按照政企分开的原则，把政府直接管理企业的职能转移出去，把直接管理人、财、物的权力放下去，把决策、咨询、调节、监管和信息等职能加强起来，使政府对企业由直接管理为主逐步转变为间接管理为主。1993年的政府机构改革是1988年改革的继续和发展，其特点主要体现在如下三个方面：（1）1993年的政府机构改革是在1992年10月召开的党的十四大明确提出建立社会主义市场经济体制的大背景下进行的，因此机构改革的取向就变成“建立适应社会主义市场经济要求的行政管理体系”。(2) 1993年是在国家财政不堪重负的背景下进行的，实行“精兵简政”，缓解财政困难是这次改革最为明显的一个特点。(3) 1993年及其后续的改革是全方位的，这次改革涉及党委、政府、人大、政协、法院、检察院、群众团体和后勤服务机构、事业单位、驻外机构以及人事、工资、财务、法规等一系列与行政管理体制相关的部分。

四、社会主义市场经济体制下的政府机构改革（1994年—现在）

党的十四大明确提出“建立社会主义市场经济体制”；党的十五大进一步确认“中国特色的社会主义市场经济，就是社会主义条件下发展市场经济，不断解放和发展生产力”；党的十六大重申“坚持社会主义市场经济的改革方向，使市场在国家宏观调控下对资源配置起基础性作用”。以此为指导，这一阶段的政府机构改革以适应社会主义市场经济发展的要求为宗旨，改革的重点在于转变职能、理顺关系、精兵简政，改革的根本途径是实现政企分开。

1998年的政府机构改革是我国历次改革中力度最大、机构变化和人员调整最多的一次。这次改革的目标是：建立办事高效、运转协调、行为规范的行政管理体系。改革的原则是：(1) 按照发展社会主义市场经济的要求，转变政府职能，实现政企分开。把政府职能切实转变到宏观调控、社会管理和公共服务方面来，把生产经营的权力真正交给企业。(2) 按照精简、统一、效能的原则，调整政府组织机构，加强宏观经济调控部门，调整和减少专业经济部门，适当调整社会服务部门，加强执法部门，发展社会中介组织。(3) 按照权责一致的原则，调整政府部门的职责权限，明确划分部门之间的职能分工，克服多头管理，政出多门的弊端。(4) 按照依法治国、依法行政的要求，加强行政体系的法制建设。经过改革，国务院的组成部门由40个减少为29个，是自1982年以来历次政府机构改革中减少政府部门和人员比例最高的一次。

2003年的政府机构改革有一个特殊的背景，就是中国在2001

年成功加入了世界贸易组织（WTO）。中国经济在成功纳入世界经济大循环的同时也给中国的政府治理带来了新的挑战。加入 WTO 对中国行政管理体制的挑战主要体现为：(1) 行政管理理念的转变。政府不应该是凌驾于社会之上的封闭的官僚机构，而是负有责任的"企业家"，公民则是其"顾客"或"客户"，政府应该以顾客的需求为导向，提供公共服务。(2) 树立规则意识、法制意识。WTO 讲究按规则办事，因此政府应自觉遵守 WTO 规则，维护宪法和法律的尊严，彻底改变政府行为的随意性和主观性。(3) 建设透明政府。除涉及国家机密及个人隐私外的全部行政信息都应该对外公布，建立起相应的政务公开制度。这次政府机构改革中的一项重要内容就是加强我国安全生产监管体制建设，将国家经济贸易委员会管理的国家安全生产监督管理局改为国务院直属机构。

2007 年 10 月 15 日党的十七大召开，十七大工作报告提出了"加快行政管理体制改革，建设服务型政府"的要求。根据这一原则，国务院新组建工业和信息化部、交通运输部、人力资源和社会保障部、环境保护部、住房和城乡建设部。改革后，除国务院办公厅外，国务院组成部门设置 27 个。

第二节　我国职业安全与健康监管体制变迁的过程

我国职业安全与健康监管体制始终伴随着我国国民经济和社会的发展变化而变化，其变迁基本上是与我国历次的行政管理体制改革同步进行。我国的国民经济和社会的发展变化及政府行政体制的变革是我国职业安全与健康监管体制变迁的基础。

一、我国职业安全与健康监管部门组织结构设置和职能划分的变迁

60 多年来，我国的职业安全与健康监管部门从无到有，不断发展完善，到目前为止，已形成了一套相对稳定的监管体系。1949 年 11 月，中央人民政府劳动部正式成立。在政务院批准的《中央

人民政府劳动部试行组织条例》中明确规定劳动部是全国劳动保护工作的主管机构，其在劳动保护方面的工作任务是“监督一切公营企业、合作社企业、私营企业及公私合营企业遵守有关劳动问题之法律、法令”，“检查各种企业、工厂、矿场之安全卫生设备状况”，“监督公私企业依法正确使用青工及女工的劳动，以保护青工和女工的特殊利益”。在由政务院批准的《省、市劳动局暂行组织通则》中规定了省、市劳动局是地方各级政府主管劳动保护工作的机构，主要负责“检查工矿企业安全卫生并监督劳保实施事宜”，“监督与指导公私营企业中女工、童工的保护事宜”。当时国家劳动部内设劳动保护司，地方各级人民政府劳动部门下设劳动保护处、科、股，具体组织实施劳动保护工作。由此可见，从新中国成立之初，就形成了由各级政府劳动部门负责监督检查职工劳动保护工作的组织结构设置和职能划分格局。

1956 年 9 月，我国的劳动保护组织结构设置和职能分工出现了较大变化。在国务院批准的《中华人民共和国劳动部组织简则》中规定，劳动部负责“管理劳动保护工作：监督检查国民经济各部门的劳动保护、安全技术和工业卫生工作，领导劳动保护检查机构的工作，检查企业中的重大伤亡事故并且提出结论性的处理意见”。于此同时，各行业主管部门也相继在其部门内部设立劳动保护（安全）工作机构，制定规章制度，对本行业内企业的劳动保护（安全）工作实施监督管理。各级工会组织也都设立了劳动保护部，开展群众性的劳动保护监督检查工作。

1958 年，中共中央提出了“鼓足干劲，力争上游，多快好省地建设社会主义”的总路线，“大跃进”开始。在此期间，劳动保护工作受到了极大的影响，许多部门和地方都撤销了劳动保护部门，劳动保护成了空架子，在高指标的重压下，拼体力，拼设备，纪律松弛，设备损坏，事故上升成为相当普遍的现象，“大跃进”时期形成了新中国建立以来第一次企业职工伤亡事故的高峰①。

---

① 参见耿凤、刘铁民：《安全生产五十年——历史回顾与分析》，载《中国职业安全卫生管理体系认证》2001 年第 2 期，第 36 页。

1960年，国家对国民经济实行“调整、巩固、充实、提高”的“八字方针”，宣告了“大跃进”的结束。在这一时期，国家要求全面加强劳动保护工作，以扭转伤亡事故极其严重的局面。但在1963年全国各级管理机构普遍进行的精简中，大部分企业和主管部门的劳动保护工作机构被撤销，有的将工作合并到生产、设备、保卫部门，实际上无人管理，工作受到极大影响。1964年3月，国家编委发出了要求各地注意充实安全监察机构的编制以加强劳动保护工作，到了1966年上半年，在多数大中型企业中，设立了安全生产的专（兼）管机构或专职人员，生产小组设立不脱产的安全员。在1963—1965年的调整中，全国工矿企业职工伤亡事故逐年下降。

经过5年的努力所实现的劳动保护工作好转的局面又被1966年开始的“文化大革命”所破坏。劳动保护工作成了“文化大革命”的“革命”对象，保护劳动者的生命安全与健康被说成是“资产阶级的活命哲学”，劳动保护机构从上至下被撤销，劳动保护工作陷入停顿状态，结果是伤亡事故和职业病大幅上升，形成新中国成立以来的第二次伤亡事故高峰①。

党的十一届三中全会后，随着改革开放发展战略的确定，国家加快了劳动保护、安全生产立法工作，从伤亡事故和职业病最严重的采掘业入手，把设立专门的安全监察机构，强化对企业的监督监察，提上了议事日程。1979年，国家劳动总局恢复劳动保护局，新成立锅炉压力容器监察局。1982年，国务院先后发布了《矿山安全条例》、《矿山安全监察条例》和《锅炉压力容器监察条例》，规定了在矿山和锅炉压力容器方面实行国家安全监察制度。地方各级劳动部门在原来设立的劳动保护机构的基础上，又增设了矿山安全监察机构和锅炉压力容器安全监察机构。

为了加强对有关部门开展安全生产工作的协调和指导，1985

---

① 参见耿凤、刘铁民：《安全生产五十年——历史回顾与分析》，载《中国职业安全卫生管理体系认证》2001年第2期，第37页。

年，经国务院批准，全国安全生产委员会成立，由国家经委、国家计委、劳动人事部、卫生部、公安部、财政部、广播电视部、煤炭部、冶金部、化工部、铁道部、交通部、机械部、农牧渔业部、国防科工委、国家核安全局和全国总工会等部门领导同志任委员，国务委员、国家经委主任张劲夫同志兼任主任，办公室设在劳动人事部。以后，随着国务院机构调整，安委会成员单位和领导人选也几经变动。1993 年，国务院决定撤销全国安全生产委员会，由劳动部代表国务院综合管理全国安全生产工作，对安全生产工作行使国家监察职权，全国安全生产中的重大问题由劳动部请示国务院决定。1993 年 2 月颁布的《中华人民共和国矿山安全法》和 1994 年 7 月颁布的《中华人民共和国劳动法》，进一步明确了劳动部门在安全生产监督监察工作中的法律地位。

新中国成立以来逐步形成了如下劳动保护（安全生产）工作体制：由劳动部门负责综合监督管理并实施国家监察、行业主管部门具体负责对本部门企业监督管理、工会组织履行群众监督职责，这一体制一直沿袭至 1998 年。

1998 年 6 月，为推进社会主义市场经济发展，尽快结束专业经济部门直接管理企业的弊端，国务院根据第九届全国人民代表大会第一次会议批准的国务院改革方案和国务院关于机构设置的通知①，对国务院有关机构的设置和职能划分进行了大幅度的调整。我国的职业安全与健康监管的组织结构设置和职能划分在本次改革中调整的幅度相当之大：原劳动部承担的安全生产综合管理、职业安全监察和矿山安全监察职能，交由国家经济贸易委员会承担；原劳动部承担的职业卫生监察（包括矿山卫生监察）职能，交由卫生部承担；原劳动部承担的特种设备及锅炉压力容器安全监察职能，交由国家质量技术监督局承担。原劳动部承担的女职工和未成年工特殊保护、工作时间和休息休假以及与职业安全与健康密切相关的工伤保险等，仍留在新成立的劳动和社会保障部。国家经贸委

① 《国务院关于机构设置的通知》，国发［1998］5 号。

内设安全生产局（规格为正司局级），其主要职责是综合管理全国安全生产工作，对安全生产行使国家监督职权，拟定全国安全生产综合性法规、政策，组织协调重大事故处理。在许多工业、经济部门撤销后，其具体安全生产监管工作也由新成立的国家经贸委安全生产局承担。由于本次改革机构和人员骤减，这导致监管不到位，我国的职业安全与健康形势一度出现反复，从随后的2000年开始，一直到2003年我国工矿商贸企业职工死亡人数呈逐年上升趋势（见图1-1-1）。

1999年12月，鉴于我国煤矿行业职业安全与健康的严峻形势，国务院又增设国家煤矿安全监察局，与国家经贸委管理的国家煤炭工业局一个机构两块牌子。国家煤矿安全监察局是国家经贸委管理的负责煤矿安全监察的行政执法机构，承担煤矿安全监察职能。

2000年12月，为进一步适应我国职业安全与健康严峻形势的需要，国务院决定将国家经贸内设的安全生产局改组为国家安全生产监督管理局（规格为副部级），仍隶属于国家经贸委，与国家煤矿安全监察局实行“一个机构，两块牌子”。涉及煤矿安全监察方面的工作，以国家煤矿安全监察局的名义实施。国家安全生产监督管理局（国家煤矿安全监察局）综合管理全国安全生产工作、履行国家安全生产监督管理和煤矿安全监察职能。

由于在1998年的政府机构改革中，将我国职业安全与健康监管“一龙治水”的局面改变为“九龙治水”，加之负责综合监督管理的国家安全生产监督管理局的行政规格仅为副部级，其他职业安全与健康监管的主管部门均为正部级建制，在实际工作中国家安全生产监督管理局很难协调其他职业安全与健康监管主管部门，职业安全与健康的综合管理权威下降。2001年3月，国务院决定恢复国务院安全生产委员会，委员会成员由国家经贸委、公安部、监察部、全国总工会等17个部门的主要负责人组成，委员会办公室设在国家安全生产监督管理局。由国务院安全生产委员会来履行综合管理和组织协调全国安全生产工作的职能。其具体职责是：（1）定期分析全国职业安全与健康形势，部署和组织国务院有关部门贯彻落实党中央、国务院关于职业安全与健康的方针、政策。（2）研究协调和解决职业安全与健康的重大问题。（3）协调解放军总参谋部和武警部队迅速调集部队参加特别重大事故应急救援工作。

2003 年 3 月，根据第十届全国人大第一次会议批准的国务院机构改革方案，经中央编委批准，对国家安全生产监督管理局（国家煤矿安全监察局）职责再次作了调整，将由国家经贸委管理的国家安全生产监督管理局改为国务院直属机构，在原有职责的基础上新增加了原由卫生部承担的作业场所职业卫生监督检查职责，并规定了关于职业卫生监督管理的职责分工。国家安全生产监督管理局负责作业场所职业卫生的监督检查工作，组织查处职业危害事故和有关违法行为。卫生部门负责拟定职业卫生法规、标准，规范职业病的预防、保健、检查和救治，负责职业卫生技术服务机构资质认定和职业卫生评价及化学品毒性鉴定工作。

2004 年 11 月，国务院调整补充了部分省级煤矿安全监察机构，将煤矿安全监察办事处改为监察分局。截至 2008 年年底，全国共设有 27 个省级煤矿安全监察机构及所属的 71 个监察分局，实行统一由国家煤矿安全监察局垂直管理。

2005 年，国家安全生产监督管理局（规格为副部级）升格为国家安全生产监督管理总局（规格为正部级），国务院办公厅也随即印发了《国家安全生产监督管理局主要职责内设机构和人员编制规定的通知》①，对其职责作出了明确规定。2008 年“大部制”改革，国务院办公厅又对国家安全生产监督管理总局的相关职能进行了调整②，重点是加强对全国安全生产工作综合监督管理和指导协调职责，以及对有关部门和地方政府安全生产工作监督检查职责。

---

① 《国家安全生产监督管理局主要职责内设机构和人员编制规定的通知》，国办发［2005］11 号。

② 《国务院办公厅关于印发国家安全生产监督管理总局主要职责内设机构和人员编制规定的通知》，国办发［2008］91 号。

目前，国家层面上的安全生产监督管理职能划分格局是：在国务院的统一领导下，国家安全生产监督管理总局对全国安全生产实施综合监管，并负责煤矿安全监察和工矿商贸企业的安全监管工作以及作业场所职业卫生监督检查工作；除工矿商贸企业外，交通、铁路、民航、水利、电力、建筑、国防工业、邮政、电信、旅游、特种设备、消防、核安全等有专门的主管部门的行业和领域的安全监督管理工作分别由公安、交通、铁道、民航、水利、电监、建设、国防科技、邮政、信息产业、旅游、质检、环保等国务院部门负责，国家安全生产监督管理总局从综合监督管理全国安全生产工作的角度，指导、协调和监督上述部门的安全生产监督管理工作，不取代这些部门具体的安全生产监督管理工作。特种设备的安全监督管理、特种设备作业人员的考核、特种设备事故的调查处理由国家质量监督检验检疫总局负责。目前国家层面职业安全与健康监管组织结构设置和职能划分见图 3-2-1a 和表 3-2-1b。

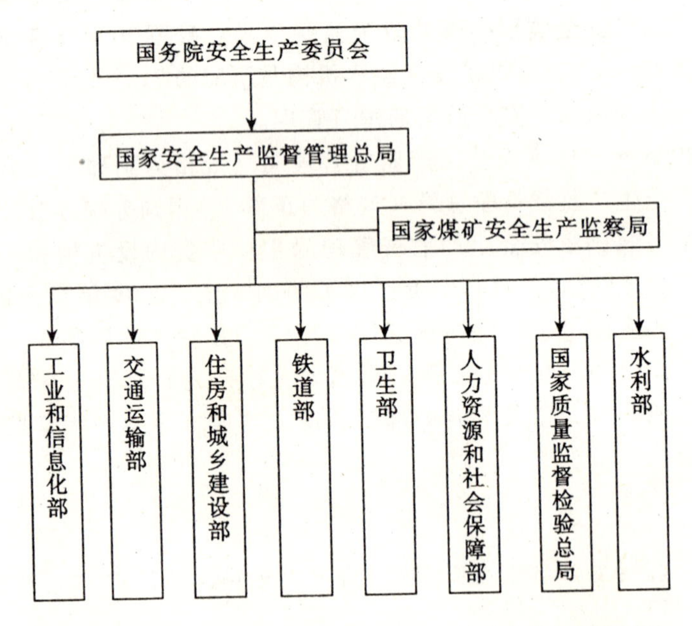

图 3-2-1a 目前我国国家层面职业安全与健康监管组织结构图

表 3-2-1b　目前国家层面职业安全与健康监管职能划分

	名称	隶属关系	主要职能及内设机构
综合监管部门	国家安全生产监督管理总局	国务院	略
专业监管部门	国家煤矿安全监察局	国家安全生产监督管理总局	依法行使国家煤矿安全监察职权。
	工业和信息化部	国务院	指导工业、通信业加强安全生产管理，指导重点行业排查治理隐患，参与重特大安全生产事故的调查、处理；负责民爆器材的行业及生产、流通安全的监督管理。内设安全生产司。
	交通运输部	国务院	拟订并监督实施公路、水路安全生产政策和应急预案；指导有关安全生产和应急处置体系建设；承担有关公路、水路运输企业安全生产监督管理工作；依法组织或参与有关事故调查处理工作。内设安全监督司（应急办公室）。
	住房和城乡建设部	国务院	承担建筑工程质量安全监管的责任。拟订建筑工程质量、建筑安全生产和竣工验收备案的政策、规章制度并监督执行，组织或参与工程重大质量、安全事故的调查处理，拟订建筑业、工程勘察设计咨询业的技术政策并指导实施。内设工程质量安全监管司。
	铁道部	国务院	拟定铁路行车安全法规、制度并进行监督检查；管理劳动安全、锅炉压力容器安全和劳动保护工作；参与和组织重大事故的调查处理。内设安全监察司。

续表

	名称	隶属关系	主要职能及内设机构
专业监管部门	卫生部	国务院	负责起草职业卫生法律法规草案，拟订职业卫生标准，规范职业病的预防、保健、检查和救治，负责职业卫生技术服务机构资质认定和职业卫生评价及化学品毒性鉴定工作。国家安全生产监督管理总局、国家煤矿安全监察局负责作业场所职业卫生的监督检查工作，负责职业卫生安全许可证的颁发管理，组织查处职业危害事故和有关违法违规行为。
	人力资源和社会保障部	国务院	制定消除非法使用童工政策和女工、未成年工的特殊劳动保护政策。内设劳动关系司负责此项工作。
	国家质量监督检验检疫总局	国务院	管理锅炉、压力容器、压力管道、起重机械、电梯、客运索道、大型游乐设施、场（厂）内专用机动车辆等特种设备的安全监察、监督工作；检查监督特种设备的设计、制造、安装、维修、改造、使用、检验检测和进出口；按规定权限组织调查处理特种设备事故并进行分析统计；管理监督特种设备检验检测人员和检验检测机构、作业人员的资格资质。内设特种设备安全监察局。
	水利部	国务院	依法负责水利行业安全生产工作，组织指导水库、水电站大坝的安全监管。内设安全监督司。

（注：上表内容由笔者根据国办发［2009］18号、国办发［2008］68、69、72、74、81号及国办发［1998］85号、国办发［2005］12号文件进行整理）

由于我国是中央集权的单一制国家，从中央到地方实行层级控制，机构设置讲求上下对口，职能划分讲求一一对应，因此，地方各级政府职业安全与健康监管组织结构的设置及职能划分，除个别地方外，基本上是与国家层面相对应的。

二、我国职业安全与健康监管部门权力配置的变迁

（一）权力配置的含义

我国学者在描述西方各主要国家的中央与地方关系时使用较多的一个概念就是"分权"，但由于"分权"与"三权分立"之间的微妙关系，或者中央与地方的"分权"更容易使人对"联邦制"、"地方自治"产生无限联想，因此在我国，学者使用"分权"这一概念时较为谨慎，许多学者使用了"分工"这一提法。但由于"分工"在概念上更偏重于行政效率，因此，本书使用了"权力配置"这一提法。

所谓权力配置，马斌给出了一个比较明确的定义：它是指一个权力系统中的各权力主体之间如何分配和行使权力①。刘志欣进一步指出：一个国家的权力配置结构大致包括以下这些因素：国家管理者在掌握主权之后，根据管理能力设置了不同类型的国家机构，然后赋予其相应的职能，最后在这些机构中配置相应的人员来行使这些职能。当权力配置发生在同一层级的政府部门间时，此时形成的权力配置结构称之为横向权力配置结构；而当权力配置发生在不同层级的政府之间时，此时的权力配置结构为纵向权力配置结构②。由此可见，权力配置的核心是如何将相应的权力赋予已经划定的国家机构以及相应的国家机构应当拥有多少权力才能实现权力配置所要达到的目的。从横向权力配置结构上说，相应的国家机构必须获得多少权力才能保证国家所追求的价值得以实现；从纵向权

① 参见马斌：《政府间关系：权力配置与地方治理》，浙江大学 2008 年博士学位论文，第 43 页，指导教师：陈剩勇。

② 参见刘志欣：《中央与地方行政权力配置研究》，华东政法大学 2008 年博士学位论文，第 13 页，指导教师：孙潮。

力配置结构上看，单一制国家的中央政府要赋予地方政府多少权力才能保证地方政府拥有必要的权力来实现中央的意志与管理目的，或者联邦制国家的地方政府必须让渡给中央政府多少权力才能使地方政府的利益最大化。

公共权力是政府的基本属性之一，它构成了政府区别于其他社会组织的质的规定性。政府公共权力作为一种具有强制性或命令性的“特殊的公共权力”，它是直接地构成政府能力的基本组成部分。政府要履行其管理国家和社会公共事务的职能，就必须具有相应的权力。因此，公共权力在同一层级的各个部门之间（横向权力配置）以及各层级之间（纵向权力配置）的配置问题，直接决定着同一层级政府的不同部门之间及各层级政府相同职能部门的职能履行能力。

（二）权力配置的变迁

我国职业安全与健康监管的权力配置也涉及横向配置和纵向配置两个方面。横向配置主要指同一级政府层面各个职业安全与健康监管部门之间的权力分配；纵向配置是指从国家、到省（自治区、直辖市）、市、县（区）、乡（镇、街道）各层级职业安全与健康监管部门之间的权力配置。我国职业安全与健康监管权力的配置，也直接关系到职业安全与健康监管工作的绩效。

1. 职业安全与健康监管权力的分类

目前我国职业安全与健康监管的权力从总体来看，主要体现为两种权力：一是综合管理权；二是监督监察权。所谓综合管理权主要是指各级政府职业安全与健康监管部门所具有的以下权力：(1) 起草职业安全与健康综合性法律法规草案。(2) 拟订职业安全与健康综合性政策和规划。(3) 指导协调各行各业职业安全与健康工作。(4) 分析和预测整体职业安全与健康形势。(5) 发布职业安全与健康信息。(6) 协调解决职业安全与健康工作中的重大问题。(7) 指导、协调、监督、检查同级政府有关部门和下一级政府职业安全与健康工作开展情况以及各类事故查处和责任追究落实情况。行使此类权力的主体为各级政府职业安全与健康综合监管部门，权力指向的客体为同级政府各职业安全与健康监管部门及下一级政府。所谓监督监察权主要是指各级政府职业安全与健康监管部门所具有的对本行业、领域范围内的生产经营单位贯彻落实职业安全与健康法律、法规和标准进行监督、检查和执法的权力。此类权力行使的主体为各级政府职业安全与健康监管部门，权力指向的客体主要为管辖范围内的生产经营单位及从业人员。

根据现阶段我国职业安全与健康监管工作的实际，为今后分析问题的方便，笔者依据多年职业安全与健康监管从业工作经验，将以上所述两大类权力分别作进一步细分：综合管理权主要分为立法和政策制定权、考核奖惩权两类；监督监察权主要分为立法和政策制定权、行政审批权、行政执法权、事故调查处理权四类，见表3-2-2。

表 3-2-2　　我国职业安全与健康监管权力的分类

权力分类	进一步细分	含义	举例
综合管理权	立法和政策制定权	被授予立法权的较大市以上各级人民政府职业安全与健康综合监管部门具有制定综合性法律、法规草案和政府（部门）规章、规范性文件的权力，层级越高，拥有的政策制定话语权越大。	由国家安全生产监督管理总局为主起草《中华人民共和国安全生产法》(草案)
	考核奖惩权	上级综合监管部门具有对同级政府各监管部门和下级政府职业安全与健康监管绩效考核奖惩权。	《辽宁省县区安全生产工作目标管理考核办法》(辽政发［2003］31号)
监督监察权	立法和政策制定权	被授予立法权的较大市以上各级人民政府职业安全与健康专业监管部门具有制定专业性法律、法规草案和政府（部门）规章、规范性文件的权力。	国家质量监督检验检疫总局有权制定《特种设备事故报告和调查处理规定》(总局第115号令)

续表

权力分类	进一步细分	含义	举例
监督监察权	监管管理权	负有监督管理职责的部门对本行业、领域范围内的生产经营单位的职业安全与健康工作具有监督管理的权力。	各级建设部门对建筑施工安全实施的行业监督管理
	行政审批权	各级政府专业监管部门对职业安全与健康市场准入实施行政许可所具有的审批权力。	《安全生产许可证》的颁发
	行政执法权	各级政府职业安全与健康综合监管和专业监管部门对生产经营单位之职业安全与健康违法行为进行行政监督和行政执法的权力。	采取各类行政处罚措施
	事故调查处理权	各级政府专业监管部门具有对涉及本行业、领域的安全事故参与调查、提出处理意见或者直接进行调查、批复结案的权力。	建设部门参与建筑施工事故的调查处理；质量监督检验检疫部门直接对特种设备安全事故进行调查处理和批复结案

2. 监管权力横向配置的变迁

1998年是我国职业安全与健康监管体制变革的一个重要分水岭，因为在1998年的政府机构改革后，我国从此结束了由各级劳动部门综合管理职业安全与健康工作的局面，自此之后，由各级政府专门组建安全生产监督管理部门负责行使职业安全与健康综合管理权。

在1998年前，我国职业安全与健康监管权力从横向配置来看，主要体现为各级政府劳动部门既行使综合管理权，也行使监督监察权；其他各行业主管部门只行使监督监察权。

劳动部门的综合管理权体现在日常的工作当中，主要是以下五个方面的工作：

（1）贯彻落实我国职业安全与健康方针。根据国家各个时期的政治经济形势与任务，劳动部门在进行调查研究、综合分析的基础上，提出我国职业安全与健康监管工作的指导意见、重大政策措施，工作方针。

（2）推进职业安全与健康的立法和标准化工作。首先，拟定有关职业安全与健康法律、法规草案。其次，根据党和国家的方针、政策、法律法规，制定和发布职业安全与健康规章、办法，对职业安全与健康的重要问题作出统一的行政管理规定，使各方面有所遵循。最后，是对职业安全与健康技术标准实行归口管理。

（3）组织全国性的安全生产活动，布置工作，交流经验。根据不同时期工作的需要，会同有关部门召开全国劳动保护（安全生产）工作会议和防尘防毒、矿山安全、锅炉压力容器安全等专门工作会议，分析安全生产形势，交流经验，部署工作，组织、指导、协调各地区、部门和企业的劳动保护工作。

（4）组织开展职业安全与健康科学技术研究和科研成果推广工作。

（5）组织开展职业安全与健康的宣传教育、职工伤亡事故统计以及信息发布工作。

劳动部门的监督监察权，主要体现为三方面的权力：一是具有例行监督检查的权力；二是具有专项监督检查的权力；三是对企业职工伤亡事故具有监督监察的权力。例行监督检查一般是由劳动部门根据年度工作计划，组织专职或兼职安全监察人员，按照国家颁布的各项职业安全与健康标准，对企业贯彻落实职业安全与健康法律、法规和各项规章制度情况及生产、施工现场的安全和卫生状况等进行全面系统的检查。专项监督监察是对企业某些重要环节（如对生产性建设项目“三同时”的监督）或重点设备（如特种设备的监督）、场所（职业危害严重的场所）职业安全与健康状况实施的监督检查。对企业职工伤亡事故的监督监察权力是指：

有权对事故调查过程中提出的事故原因和责任分析的客观性、公正性进行监督检查；有权对事故的报告、统计的及时性、准确性进行监督检查；有权对事故调查报告进行审查批复，确定是否可以结案；有权对企业落实防范措施和事故处理意见的情况进行监督检查。

1998年以前，我国的行业主管部门具有对本行业内企业的职业安全与健康工作的监督监察权。当时的权力配置机制就要求各级经济管理和生产管理部门，在管理生产建设的同时必须管好本行业企业的安全生产工作。这一时期，各行业管理部门对所属（所管）企业的劳动保护工作（安全生产工作），实行行政管理，逐步建立了劳动保护和安全管理机构，具体负责监督管理行业内企业的劳动保护、安全生产工作。在计划经济时期，这种主要依靠行业主管部门行政管理系统和行政手段管理劳动保护工作的体制，在当时对安全生产工作起到了促进作用，一些任务比较繁重的煤炭、冶金、石油、化工、电力、铁道、交通、机械、国防等工业部门逐步建立了本部门的安全生产管理机构、制定了事故调查处理等一系列规章制度，开展广泛的宣传教育活动，把安全生产工作纳入本部门的生产管理活动。在整个安全生产监管工作中，行业主管部门的工作占有重要地位。几十年来，各部门进行了卓有成效的工作，如当时的煤炭工业部、冶金工业部、化学工业部、机械工业部等都对本行业的安全生产管理工作作出了巨大贡献。直到现在，我国对职业安全与健康的监管工作还仍然依靠行业部门的专业监管。

1998年后，我国职业安全与健康监管部门的设置几经变动，直到2005年成立了独立的国家安全生产监督管理总局才基本稳定下来并持续至今。为推进社会主义市场经济发展，尽快结束计划经济体制下由专业经济部门直接管理企业微观经济活动的体制，1998年，国务院在机构改革中几乎撤销了所有的专业经济管理部门，这些行业的职业安全与健康监管工作转由国家安全生产监督管理部门直接负责，如煤炭、冶金、石油、化工、机械等行业。交通、铁路、民航、水利、电力、建筑、国防工业、邮政、电信、旅游、特种设备、消防、核安全等仍有专门主管部门的行业和领域，则依然分别由公安、交通、铁道、民航、水利、电监、建设、国防科技、邮政、信息产业、旅游、质检、环保等部门负责。目前，我国职业安全与健康监管权力国家层面横向权力分配的基本格局是：国家安全生产监督管理总局（挂国家煤矿安全监察局的牌子）对全国职业安全与健康行使综合监督管理权，并对煤矿、工矿商贸企业及作业场所职业健康行使安全监督监察权。对工矿商贸企业以外的有专门主管部门行业和领域的职业安全与健康监管工作实施指导、协调和监督，不取代这些部门具体职业安全与健康监督监察权力的行使。

对于这一横向权力配置格局有一个最能说明问题的实例：

实例：

《安全生产许可证》颁发权（行政许可权）的横向配置

根据《安全生产许可证条例》(国务院令第397号）第3条、第4条及第5条的规定，国务院安全生产监督管理部门负责中央管理的非煤矿矿山企业和危险化学品、烟花爆竹生产企业安全生产许可证的颁发和管理；国家煤矿安全监察机构负责中央管理的煤矿企业安全生产许可证的颁发和管理；国务院建设主管部门负责中央管理的建筑施工企业安全生产许可证的颁发和管理；国务院国防科技工业主管部门负责民用爆破器材生产企业安全生产许可证的颁发和管理。

地方各级职业安全与健康监管部门横向权力的配置格局基本上与中央一级保持一致，并无太多实质上的差别，这也是因为中国的地方政府基本上与中央政府保持一致的缘故。

3. 监管权力纵向配置的变迁

权力的纵向配置问题是中央与地方关系问题的核心问题。能否科学界定中央与地方的权力义务关系，合理配置行政权力的纵向结构，直接关系到国家的政治稳定和整个社会的协调发展。中央与地方的关系，从根本上来说就是一种利益关系，表现为代表国家整体利益和社会普遍利益的中央政府与代表国家局部利益和地方特殊利益的地方政府之间的政治关系和权力机构关系①。

我国职业安全与健康监管权力纵向配置的变迁始终是伴随着中央和地方关系的变迁而变迁的。在我国社会主义改造结束后，就基本确立了原苏联模式的“高度集权的官僚等级社会体制”，作为这种社会体制的核心就是政经一体化构架。它的基础就是极具中国特色的政企不分，企业事实上成为国家政权的附属与延伸。国有及集体企业一统天下，民营和私营企业被视为“资本主义”的产物，在社会主义国家里是不允许存在的。高度集中的计划管理体制与完全占主体地位的国家和集体所有制经济形式相结合，是构成我国传统社会主义国有资产管理体制的主要特征。正是在这种体制下，我国从 1949 到 1979 年的 30 年间，中央与地方关系从总体上表现出中央高度集权、地方缺乏必要的自主权和独立性的格局。中央与地方关系一直起伏不定，行政集权和分权的突出矛盾始终没有得到解决，虽然中央多次采取行政性分权方式，但始终陷于“放权—收权—再放权—再收权”的循环反复中，走不出“一统就死、一放就乱、一乱就统、一统就死”的怪圈。在高度集中的计划经济体制与高度集权的政治体制之下，地方政府逐渐沦为中央政府机构的延伸，沦为中央政策的执行者和中央向企业发布指令的中介，丧失了作为一级地方政权必要的权力和地位。这一时期，由于是以国有和集体经济为主，其他形式的经济成分很少，中央与地方之间只存在国有资产所有权的分级管理关系，不存在企业所有权关系。中央与地方关系的调整，主要表现为以改变行政隶属关系为主要内容的企业管理权的下放与上收，企业只能被动地依附中央政府或地方政府。伴随着国有企业的下放与上收，我国地方各级职业安全与健康监管部门的监管对象和监管权力也随着调整，但总体表现为中央一级职业安全与健康监管部门拥有绝对的话语权，地方各级职业安全

---

① 参见辛传海：《中国行政体制改革概论》，中国商务出版社 2006 年版，第 148 页。

与健康监管部门并无太大自主权，基本上是中央一级授予什么权，地方一级就行使什么权力。

1982年，我国通过的新宪法明确规定了中央与地方国家机构职权划分的总原则，即“遵循在中央统一领导下，充分发挥地方的主动性、积极性的原则”。同时新宪法改革了我国过去的一级立法体制，明确规定了我国的两级立法体制，从而扩大了地方国家权力机关的立法权。根据新宪法重新修订的《地方组织法》，也对我国地方各级国家机关和地方各级国家行政机关的职权作出了明确规定，这些规定扩大了地方政府的某些职权，如省、自治区、直辖市以及省、自治区所在地的市和国务院批准的较大市的人民政府，可以根据法律和国务院的行政法规，制定规章。至此，我国地方政府具有了宪法框架下的地方立法权和政策制定权，这也标志着我国地方政府在地方治理方面具有一定的自主权，而且这种自主权是法律所赋予的，是法定的授权。

中央一级政府与地方政府事权方面的划分往往是最复杂、最缺乏明确规则的。党的十五大确定了建设社会主义法治国家的目标，我国在不断加强立法工作的同时，也日益强调依法治国，重点转向依法行政。在依法治国和依法行政的指导思想下，我国中央一级政府与地方政府的事权划分除了在《中华人民共和国地方各级人民代表大会和地方各级人民政府组织法》中有粗略的规定外，各类社会事务管理权力的详细划分则散见于各种专门的部门法律、法规和规章中。例如我国的职业安全与健康监管权力的划分则分布在《中华人民共和国安全生产法》、《安全生产许可证条例》(国务院令第397号)、《危险化学品安全管理条例》(国务院令第344号)、《生产安全事故报告和调查处理条例》(国务院令第493号)、《建设工程安全生产管理条例》(国务院令第393号)、《特种设备安全监察条例》(国务院令第549号)、《国务院关于特大安全事故行政责任追究的规定》(国务院令第302号)等法律、行政法规中。我国职业安全与健康监管权力具体的纵向配置情况见表3-2-3。

表 3-2-3　　我国职业安全与健康监管权力纵向配置情况

权力分类		权力纵向分配	法律法规依据
综合管理权	立法和政策制定权	省、直辖市的人民代表大会及其常务委员会，在不同宪法、法律、行政法规相抵触的前提下，可以制定地方性法规，报全国人民代表大会常务委员会备案。	《中华人民共和国宪法》第 100 条
		省、自治区的人民政府所在地的市和经国务院批准的较大市的人民代表大会根据本市的具体情况和实际需要，在不同宪法、法律、行政法规和本省、自治区的地方性法规相抵触的前提下，可以制定地方性法规，报省、自治区的人民代表大会常务委员会批准后施行，并由省、自治区的人民代表大会常务委员会报全国人民代表大会常务委员会和国务院备案。	《中华人民共和国地方各级人民代表大会和地方人民政府组织法》第 7 条第 1 款
		省、自治区、直辖市的人民政府可以根据法律、行政法规和本省、自治区、直辖市的地方性法规，制定规章，报国务院和本级人民代表大会常务委员会备案。省、自治区的人民政府所在地的市和经国务院批准的较大的市的人民政府，可以根据法律、行政法规和本省、自治区的地方性法规，制定规章，报国务院和省、自治区的人民代表大会常务委员会、人民政府以及本级人民代表大会常务委员会备案。	《中华人民共和国地方各级人民代表大会和地方人民政府组织法》第 60 条

续表

权力分类		权力纵向分配	法律法规依据
综合管理权	考核奖惩权	国务院负责安全生产监督管理的部门，对全国安全生产工作实施综合监督管理；县级以上地方各级人民政府负责安全生产监督管理的部门，对本行政区域内安全生产工作实施综合监督管理。	《中华人民共和国安全生产法》第 9 条第 1 款
		县级以上地方各级人民政府负责安全生产监督管理的部门应当定期统计分析本行政区域内发生生产安全事故的情况，并定期向社会公布。	《中华人民共和国安全生产法》第 76 条
		地方人民政府主要领导人和政府有关部门正职负责人对下列特大安全事故的防范、发生，依照法律、行政法规和本规定的规定有失职、渎职情形或者负有领导责任的，依照本规定给予行政处分；构成玩忽职守罪或者其他罪的，依法追究刑事责任：（一）特大火灾事故；（二）特大交通安全事故；（三）特大建筑质量安全事故；（四）民用爆炸物品和化学危险品特大安全事故；（五）煤矿和其他矿山特大安全事故；（六）锅炉、压力容器、压力管道和特种设备特大安全事故；（七）其他特大安全事故。	《国务院关于特大安全事故行政责任追究的规定》第 2 条
		发生特大安全事故，社会影响特别恶劣或者性质特别严重的，由国务院对负有领导责任的省长、自治区主席、直辖市市长和国务院有关部门正职负责人给予行政处分。	《国务院关于特大安全事故行政责任追究的规定》第 15 条

续表

权力分类		权力纵向分配	法律法规依据
综合管理权	考核奖惩权	市（地、州）、县（市、区）人民政府依照本规定应当履行职责而未履行，或者未按照规定的职责和程序履行，本地区发生特大安全事故的，对政府主要领导人，根据情节轻重，给予降级或者撤职的行政处分；构成玩忽职守罪的，依法追究刑事责任。	《国务院关于特大安全事故行政责任追究的规定》第14条
监督监察权	立法和政策制定权	同上	同上
	监督管理权	国务院有关部门依照本法和其他有关法律、行政法规的规定，在各自的职责范围内对有关的安全生产工作实施监督管理；县级以上地方各级人民政府有关部门依照本法和其他有关法律、法规的规定，在各自的职责范围内对有关的安全生产工作实施监督管理。	《中华人民共和国安全生产法》第9条第2款
	行政审批权	国务院安全生产监督管理部门负责中央管理的非煤矿矿山企业和危险化学品、烟花爆竹生产企业安全生产许可证的颁发和管理； 省、自治区、直辖市人民政府安全生产监督管理部门负责前款规定以外的非煤矿矿山企业和危险化学品、烟花爆竹生产企业安全生产许可证的颁发和管理，并接受国务院安全生产监督管理部门的指导和监督； 国家煤矿安全监察机构负责中央管理的煤矿企业安全生产许可证的颁发和管理； 在省、自治区、直辖市设立的煤矿安全监察机构负责前款规定以外的其他煤矿企业安全生产许可证的颁发和管理，并接受国家煤矿安全监察机构的指导和监督。	《安全生产许可证条例》第3条

续表

权力分类		权力纵向分配	法律法规依据
	行政审批权	国务院建设主管部门负责中央管理的建筑施工企业安全生产许可证的颁发和管理； 省、自治区、直辖市人民政府建设主管部门负责前款规定以外的建筑施工企业安全生产许可证的颁发和管理，并接受国务院建设主管部门的指导和监督。	《安全生产许可证条例》第4条
		国务院国防科技工业主管部门负责民用爆破器材生产企业安全生产许可证的颁发和管理。	《安全生产许可证条例》第5条
监督监察权	行政执法权	负有安全生产监督管理职责的部门依法对生产经营单位执行有关安全生产的法律、法规和国家标准或者行业标准的情况进行监督检查，行使以下职权： （一）进入生产经营单位进行检查，调阅有关资料，向有关单位和人员了解情况； （二）对检查中发现的安全生产违法行为，当场予以纠正或者要求限期改正；对依法应当给予行政处罚的行为，依照本法和其他有关法律、行政法规的规定作出行政处罚决定； （三）对检查中发现的事故隐患，应当责令立即排除；重大事故隐患排除前或者排除过程中无法保证安全的，应当责令从危险区域内撤出作业人员，责令暂时停产停业或者停止使用；重大事故隐患排除后，经审查同意，方可恢复生产经营和使用； （四）对有根据认为不符合保障安全生产的国家标准或者行业标准的设施、设备、器材予以查封或者扣押，并应当在十五日内依法作出处理决定。	《中华人民共和国安全生产法》第56条

续表

权力分类		权力纵向分配	法律法规依据
监督监察权	事故调查处理权	特别重大事故由国务院或者国务院授权有关部门组织事故调查组进行调查； 重大事故、较大事故、一般事故分别由事故发生地省级人民政府、设区的市级人民政府、县级人民政府负责调查。省级人民政府、设区的市级人民政府、县级人民政府可以直接组织事故调查组进行调查，也可以授权或者委托有关部门组织事故调查组进行调查； 未造成人员伤亡的一般事故，县级人民政府也可以委托事故发生单位组织事故调查组进行调查。	《生产安全事故报告和调查处理条例》（国务院令第493号）第19条

（上表由笔者查阅我国职业安全与健康监管方面的法律法规后自行整理）

从表3-2-3我们可以得知，我国职业安全与健康监管部门纵向权力配置方面主要有两个特点：一是我国中央一级机构广泛拥有各方面的权力，包括全国职业安全与健康监管工作的立法和政策制定权、考核奖惩权、各自不同行业领域范围的监督管理权、行政执法权。地方一级机构则拥有本辖区范围内职业安全与健康监管工作的立法和政策制定权、考核奖惩权、各自不同行业领域范围的监督管理权、行政执法权。中央一级机构与地方机构在上述四个方面的权力是同构的；二是中央一级职业安全与健康监管部门还与各地方人民政府按照分级和分属性的原则共享事故调查处理权、行政审批权。但中央一级保留有干预地方任何一级的权力。例如事故调查处理权则是按照事故分级的原则，分别由县级人民政府（死亡人数少于3人）、设区的市级人民政府（死亡人数介于3～9人）、省级人民政府（死亡人数10～29人）和国务院（死亡人数30人以上）共享，但一旦中央认为有必要，完全可以直接组织调查组进行任何一级安全事故的调查处理。在行政审批权方面，则主要由中央一级政府和次中央一级政府按企业属性原则共享，例如煤矿企业、非煤矿山企业、危险化学品生产企业、烟花爆竹生产企业、建筑施工企业、民用爆破器材生产企业《安全生产许可证》的发放。

三、我国职业安全与健康监管部门行政运行机制的变迁

（一）运行机制的含义

“运行机制”一词是由“运行”和“机制”组合而成的概念。根据《现代汉语学生词典》① 的解释：“运行”是指周而复始的运转；“机制”泛指“一个复杂工作系统的构造和工作原理”。这两个词合在一起则可以理解为“一个复杂的工作系统周而复始的工作原理”。在本书的研究中，这个复杂的工作系统即专指“我国各级政府职业安全与健康监管部门系统”。我国各级政府职业安全与健康监管部门是各级政府行政系统的一个子系统，其运行机制与我国其他政府机构的运行机制并无太大差别。要考察我国职业安全与健康监管部门系统的运行机制，只需考察我国整体的行政运行机制即可。

政府的行政过程就是政府权力的运行过程，换句话说，行政运行机制就是指政府权力运行机制。20 世纪 80 年代末以来，为适应我国行政体制改革实践的需要，国内专家学者开始对政府权力运行机制进行了重点研究，产生了一大批优秀理论成果。从国内已有的研究成果来看，孙柏瑛、郭济等人对“政府权力运行机制”的界定颇有见地。孙柏瑛指出，政府权力运行机制是指各级政府组织在推行国家事务和政务、管理社会公共事务的过程中，不同部门与层级之间在政策制定权与资源支配权、法律或政策解释权、执法权和行政事务管理权归属等方面权力的划分与权限范围，以及在权力运行过程中的组合、配套、相互协调与相互制约的关系和结构。它是国家政治体制与行政体制的重要组成部分，是国家行政组织权力资源配置规范化的制度体系，其核心是静态上的纵向和横向分权结构

① 参见《现代汉语学生词典》，延边人民出版社 2000 年修订版。

体系以及相配套的组织结构形式；动态上则主要是指权力资源的配套、协调与制约的关系以及权力控制的形式①。郭济等人将政府权力运行机制界定为：在合理划分与配置政府权力的基础上，为保证政府权力公正、高效、廉洁、有序运转而在政府权力运作方面提出的相互联系与制约关系及其实际运作状态的总和。郭济等人还进一步指出，政府权力运行机制主要包括政府权力运行的价值导向机制、信息传送与反馈机制、协调机制、激励机制、控制机制等②。中央机构编制委员会办公室部分学者认为行政运行机制主要包括以下四个具体机制：行政运行的协调机制；行政运行的激励机制；行政运行的适应机制和行政运行的制约机制③。南晗在研究我国大部门体制下的行政运行机制时，将行政运行机制定义为：在一定行政体制条件下展开的、为保证政府职能正常行使的具体工作程序、工作规则及实际动作状态的总和。他还从行政决策机制、行政执行机制、行政监督机制、行政信息反馈机制、法治机制五个方面塑造了一个能保证我国大部制改革效果所需要的行政运行机制模式④。以上学者从不同的视角对行政运行机制进行了界定，虽没有形成一致的意见，但由此可知，行政运行机制所包含的内涵十分丰富。

（二）我国职业安全与健康监管部门行政运行机制的变迁

我国自党的第十五届六中全会提出“建立结构合理、配置科学、程序严密、制约有效的权力运行机制”的命题后，党的十六大再次强调，要“从决策和执行等环节加强对权力的监督，保证

---

① 参见孙柏瑛：《我国行政权力运行机制设计的初步建议》，载《中国行政管理》2002年第4期。

② 参见郭济等：《政府权力运筹学》，人民出版社2003年版，第178~179页。

③ 参见中央机构编制委员会办公室、《中国行政改革大趋势》编写组编：《中国行政改革大趋势》，经济科学出版社1993年版，第125~127页。

④ 参见南晗：《我国大部门体制下的行政运行机制研究》，河南大学硕士学位论文，2009年5月，指导教师：庞洪铸。

把人民赋予的权力真正用来为人民谋利益”。党的十七届二中全会上通过的《关于深化行政体制改革的意见》中也明确指出要“按照精简统一效能的原则和决策权、执行权、监督权既相互制约又相互协调的要求，紧紧围绕职能转变和理顺职责关系，进一步优化政府组织结构，规范机构设置，探索实行职能有机统一的大部门体制，完善行政运行机制”。党的最高级别会议以纲领性文件的形式多次提出行政运行机制中“决策权、执行权、监督权既相互制约又相互协调的问题”，基于此，为分析问题的方便，本书主要讨论我国职业安全与健康监管部门行政运行机制中最核心的两种机制：行政决策、执行、监督机制以及行政激励与约束机制，其他方面留待以后再作进一步研究。

1. 我国职业安全与健康监管部门行政决策、执行及监督机制变迁

在计划经济体制时期，我国安全生产管理的决策权主要集中在中央一级部门，地方各级安全生产部门往往不具有安全生产方面的政策制定权，只能忠实地执行中央一级机构制定的政策，因此，它们不具有政策上的决策权，只具有政策的执行权。行政监督的种类也有很多，例如，权力机关（同级人大）的监督、司法机关（检查机关）的监督、行政外部（纪委）的监督、行政内部（包括同级行政监察部门及上级业务部门对下级部门）的监督等，在如此众多的监督形式中，上级部门对下级部门的业务监督应该说起着极为重要的作用，因为上级业务部门往往拥有对下级部门的考核和奖惩权，这种行政监督形式直接决定着职业安全与健康政策的执行效果。

进入市场经济时代后，为了调动地方政府的主动性和积极性，我国政府进行了行政分权改革，各级地方政府也获得了一定范围的地方事务治理权力。具体到我国职业安全与健康监管系统，主要体现为地方各级职业安全与健康监管部门获得了本辖区范围内一定的政策制定权。目前我国职业安全与健康监管系统内政策的制定、执行及监督基本格局为：中央一级职业安全与健康监管部门具有全国范围内职业安全与健康法律、法规和政策的制定权（决策权）及对全国范围内履行职业安全与健康监管职能的监督权，部分行使职

业安全与健康监管法律法规的执行权，如对中央所属企业的行政执法权及行政审批权。省（自治区、直辖市）一级职业安全与健康监管部门具有本辖区范围内职业安全与健康地方法规和政策的制定权（决策权）、执行权及监督权。副省级、地级、县级职业安全与健康监管部门，虽然更多拥有的本辖区范围内职业安全与健康法律法规和政策的执行权，但在不同省级、中央一级职业安全与健康法律法规和政策相抵触的情况下，依然拥有一定的地方法规和地方政策的制定权（决策权）及对下级政府和部门的业务监督权。因此，从总体上看，现阶段我国县级以上各职业安全与健康监管部门都不同程度地拥有政策的制定（决策）、执行和监督权力，具有明显的同构性。

2. 我国职业安全与健康监管部门激励与约束机制变迁

由于我国职业安全与健康监管职能的履行从建国后不久就基本形成了由多个部门共同履行的格局，各个部门往往在行政管理的方法和手段上都存在一定区别，因此，要详细讨论每一个职业安全与健康监管部门的激励和约束机制是一件十分繁琐和困难的事情，本书只能从宏观上对我国职业安全与健康监管部门激励与约束机制的总体变迁情况作一描述。

我国在计划经济体制时期，企业经济成分单一，国有和集体经济一统天下，政府、企业、社会和公民个人利益高度一致，这一时期基本不存在单一对政府安全生产管理部门人员的激励和约束制度存在，要说有这样的制度，那么这种制度也与对所有其他国家工作人员进行激励和约束的制度完全相同。我国自改革开放并逐步进入市场经济时代后，利益主体呈现多元化的趋势，每一个利益主体，包括我国职业安全与健康监管部门及其监管人员本身，都有着各自不同的利益诉求，各种利益主体之间必然产生利益冲突。为协调和平衡不同利益主体之间的冲突，就必须制定各种激励和约束制度。基于对我国职业安全与健康严峻形势的忧虑，近年来，我国政府从中央到地方都实施了严格的安全事故追责制度。2001 年，中央一级出台了《国务院关于特大安全事故行政责任追究的规定》（国务院令 302 号)，在此之后各省、自治区、直辖市都先后出台了重大安全事故责任追究的规定，如《广东省重大安全事故行政责任追究规定》(省政府令 80 号)、《湖北省重大安全事故行政责任追究规定》(省政府令 261 号)、《四川省关于重特大安全事故行政责任追究的规定》(省政府令 179 号)、《北京市关于重大安全事故行政责任追究的规定》(政府令 76 号)、《西藏自治区关于重大安全事故行政责任追究的规定》(自治区政府令 42 号) 等。这类安全事故的责任追究制度，几乎是每个省、自治区和直辖市政府都有，部分市、县政府也出台了相关规定，如《汕头市较大安全事故行政责任追究办法》(政府令第 108 号)。但与此形成鲜明对比的是，笔者至今还很少见到有专门对职业安全与健康监管人员进行激励的地方法规和规章出现，唯有 2001 年深圳市人民政府颁布了《深圳市国家行政机关负责人安全管理奖惩办法》(政府令第 99 号)。

因此，从总体来看，目前我国职业安全与健康监管领域的激励和约束制度建设情况呈现“一边倒”的局面，即对职业安全与健康监管人员的约束制度要远远多于激励制度，全国上下刮起了一股安全事故的“问责风暴”。

第三节　现阶段我国职业安全与健康监管体制存在的主要问题

在对我国职业安全与健康监管体制的变迁过程进行介绍后，本节将重点考察现阶段我国职业安全与健康监管体制存在的主要问题，以便于本书后续的理论分析。

一、我国职业安全与健康监管人员行政理念相对落后

政府行政理念是指导政府处理公共事务的基本原则和观念。政府行政理念关系到建设一个什么样的政府这一根本性的问题。因为政府行政本质上是一定理念下的产物，政府行政理念规范着政府的价值和行为取向，决定并构建着政府的职能与组织结构，影响着政

府公共政策的制定①。因此，政府官员的行政理念问题是一个关系政府行政全局的问题。虽然我国职业安全与健康监管体制本身并不包括监管人员的行政理念这一内容，但由于行政理念问题直接关系到构建什么样的体制问题，因此本书首先从我国职业安全与健康监管人员的行政理念谈起。

我国职业安全与健康监管部门的监管人员尤其是处于决策层面的领导干部，从整体上看，行政理念相对落后，主要表现在以下两个方面：

（一）行政理念不适应市场经济发展的要求

我国尚处在从计划经济向市场经济的转型期，计划经济时代的思维模式再加上传统行政文化的影响，使得我国职业安全与健康监管部门工作人员的头脑当中仍然保留着许多十分落后的行政理念，这些理念适应不了当前市场经济发展的要求。在这当中最为突出的就是“全能政府”和“政府中心主义”的理念。所谓“全能政府”，就是认为政府无所不能管，无所不能包，行政权力可以无边界扩张，在“全能政府”理念支配下，政府往往管了许多不该管的事。殊不知，市场经济本质上就是规则经济、法治经济、自由经济、开放经济，政府的职责就是定制度、定规则，营造公平、公正、自由、开放的竞争环境，超越了这个界限就属“越位”，就会限制市场主体的自由活动，削弱市场主体的活力和积极性，从而最终阻碍市场经济的发展。举例来说明这一问题。我国职业安全与健康监管方面最基础的一部法律——《安全生产法》第18条规定：矿山、建筑施工单位和危险物品的生产、经营、储存单位，应当设置安全生产管理机构或者配备专职安全生产管理人员。前款规定以外的其他生产经营单位，从业人员超过三百人的，应当设置安全生产管理机构或者配备专职安全生产管理人员；从业人员在三百人以下的，应当配备专职或者兼职的安全生产管理人员，或者委托具有

---

① 马国芳、刘洪：《近30年来政府职能转变历程及目前的定位研究》，载《云南财经大学学报》（社会科学版）第24卷第4期，第58页。

国家规定的相关专业技术资格的工程技术人员提供安全生产管理服务。这一条显然是对企业设置安全管理机构和配备安全管理人员所作的强制性法律规定，企业必须遵守。企业内部机构的设置和人员的配备完全是企业自主权范围内的事情，政府并不能出于公共利益的需要就对企业自身的事务进行干涉。从市场经济的角度来看，保护企业职工的生命安全与健康本是企业的法定职责，政府不能代替企业自身来具体履行管好本企业职业安全与健康的工作职责。如果企业既不设立安全管理机构，也不配备专兼职安全管理人员，但依然可以保护好本单位职工的生命安全与健康（这种假设是完全可能的），这一规定岂不贻笑大方？显然，这一规定，是立法者或者说政策制定者行政理念不适应市场经济发展要求的鲜明体现。

“政府中心主义”理念主要是指我国政府一贯以来坚持以政府为中心来管理社会公共事务的一元化模式。“政府中心主义”理念在我国职业安全与健康监管领域具体表现为职业安全与健康监管人员行政理念上的错误定位，认为我国的职业安全与健康治理工作，主要是政府的事，仅靠政府一方就可以搞好，忽视了其他治理参与者的作用。现阶段我国职业安全与健康治理模式源自于高度集权的计划经济时代。在计划经济时代，政府实行“一竿子插到底”的治理模式。企业的经济运行和安全生产主要在政府的直接干预和统一安排下，通过各级行政机构层层落实。在计划经济时代这种模式是有效的。进入市场经济时代后，虽然国家从行政管理层面开展了分权化及政府职能转变等一系列改革，但始终未能从政府主导的一元化公共事务治理模式中走出来，“政府中心主义”至今依然“深入人心”。这种社会公共事务治理模式的路径依赖效应在我国尤其突出，不仅是政府自身很习惯，企业、公民个人及其他社会组织都十分习惯，遇到问题都有找政府来解决的潜意识和行为冲动。这种潜意识和行为习惯导致的最终结果是权力越来越向政府集中，其他职业安全与健康事务的治理者如企业、公民个人和社会组织在治理过程中的话语权反而越来越弱。任由这种趋势发展下去必然导致政府陷入“治理失败”的困境。因为权力过分向政府集中，必然导致政府进一步集权，造成政府对市场的过度干预。一旦政府干预市场不当，未能有效克服“市场失灵”，反而阻碍和限制了市场功能的正常发挥，从而导致经济发展和职业安全与健康监管关系扭曲，市场混乱加重，以致社会资源最优配置难以在安全生产工作中实现。政府“治理失败”的困境在我国职业安全与健康监管领域主要表现为以下几种情形：公共决策失误（如我国小煤矿的“关而不死”①）、政府角色错位（如安全监管部门入股煤炭开采企业直接参与生产和经营）、监管部门和人员的迅速膨胀与监管的长期低效率形成鲜明对比、监管领域寻租现象频繁发生等②。

（二）行政理念不适应建设服务型政府的要求

我国的行政管理体制起初是按计划经济模式建立起来的，虽然经过多次调整，但基本格局仍然没有完全摆脱计划经济的特征，而且在政府与市场、政府与社会的关系上，政府仍然处于中心地位，甚至某些时候还主导着部分经济和社会资源的配置③。计划经济体制下政府是万能的，是“统治者”，主导着一切社会资源和经济资源的配置，计划着整个社会的运转。这种传统的计划经济体制和行政理念的路径依赖效应一直深刻影响着当前我国政府的行政官员，在他们大多数人的思维中，认为政府的首要职责仍然是“管理”，政府就是要以社会管理员的身份对公民、市场以及社会进行管理和控制，这种“管理”的理念始终贯穿在我国政府大多数的行政行为中。“管理”一词无论是在政府的文件中，还是官员的口头上，都是使用频率很高的一个词。由于职工在工作场所中工作时其职业安全与健康伤害问题具有负内部性，因而必须加强监管。这一结论

---

① 参见丁煌、郑雪峰：《我国小煤矿“关而不死”现象的制度变迁分析》，载《云南行政学院学报》2009年第3期，第60~64页。

② 参见郑雪峰、丁煌：《风险社会语境下我国安全生产网络状治理模式初探》，载《湖北行政学院学报》2010年第2期，第60页。

③ 参见张振东：《市场经济与政府职能定位》，载《北京交通大学学报（社会科学版）》2009年第1期，第81页。

为政府实施职业安全与健康监管提供了理论依据，同时也对职业安全与健康监管部门的官员“重监管、轻服务”的行政理念提供了理论支撑。当前，在我国职业安全与健康监管工作方式上，有一种普遍采用的行政办法就是“一人得病，全家吃药”，例如某一个烟花爆竹生产企业发生了生产安全事故，当地监管部门立即颁布行政命令，要求全市（或区、县）所有烟花爆竹生产企业必须停产停业整顿；某一游乐场所的特种设备发生了重大安全事故，政府马上要求当地所有游乐场所的特种设备一律停业开展安全检查。2005年8月7日，××省××市××煤矿发生透水事故造成121人死亡，省委省政府立即发出了《关于全省煤矿立即进行停产停业整顿坚决打击煤矿违反生产活动的通知》(×府明电［2005］26号)，并最终由省委省政府作出决定，全省范围内自2006年开始全部退出煤炭开采行业，终止全省煤炭生产活动。这是多么令人咂舌的一个行政命令！要知道该省在全国都是首屈一指的能源消耗大省，对煤炭的依存度可以说是相当高。关停全省所有的煤矿，终止全省全部的煤炭生产活动，该省的煤炭安全事故是完全避免了，但显然该省经济发展所需煤炭的供应量是有增无减的，其他省市向该省供应煤炭的数量无疑就要增加。这样一来，全国煤炭供不应求的局面会因该省的这一举措而变得更加紧张，煤炭价格也节节攀升。受利益的驱动，其他省市的一些煤矿超能力生产、疲劳生产、违章生产现象就会大幅增加，煤矿安全事故发生的概率也就自然增加了。换句话说，××省的这一行政命令，是将煤炭安全生产的风险转移到了其他省市，对全国的煤炭安全生产形势反而是雪上加霜。党的十七大明确提出了建设服务型政府的目标，按照科学发展观的要求，政府必须促进经济、社会和人的全面发展，必须满足人民群众日益增长的物质文化需要和公共服务需求。反映到行政理念上，就是要始终坚持以人为本的行政理念，将人民群众的利益放在第一位，全面提高人民群众的物质、文化和精神生活，提高政府的公共服务水平。与“重权力、重限制、重支配”的行政理念不同，服务型政府应秉承“重权利、重责任、重服务”的行政理念①。我国职业安全与健康监管领域存在的诸如上述种种简单粗暴的监管方式，直接暴露了我国职业安全与健康监管人员行政理念与建设服务型政府所应该具有的行政理念的巨大差距。

二、我国职业安全与健康监管部门职能定位及职能划分不清晰

改革开放30多年来，我国先后经历了6次较大的行政管理体制改革，自1988年第二次机构改革首次提出“转变政府职能”这一关键命题以来，每一次改革都会提到，到2008年的政府行政管理体制改革，政府职能转变仍然是面临的最重要任务。由此可见，目前，我国政府职能转变还仍然是不到位的，还没有能够真正建立起与市场经济体制相适应的政府职能配置体系。我国从十四大正式确定建立社会主义市场经济体制开始，政府究竟应该干什么，职能定位在哪些方面，各级政府及机构之间职能又如何划分，一直不是特别清楚。2002年召开的九届全国人大五次会议对我国政府的职能定位为“经济调节、市场监管、社会管理和公共服务”，这一历史定位应该说很好地把握住了市场经济条件下政府的角色，政府职能转变的思路也从此开始更加清晰，目标也更加明确。党的十七大明确提出要在全面履行政府职能的基础上，“把社会管理和公共服务职能放在更加突出的位置”，并采取一系列措施逐渐强化社会管理和公共服务职能。这是党在新时期对我国各级政府职能转变的重点提出的新要求，各级政府也必须适应这一转变。但需要强调指出的是，正如有学者所言，“强化社会管理和公共服务职能并不是国家工作重心的再次转变，是因为这两项职能薄弱、履行不到位，而不是说可以弱化经济调节和市场监管职能。不能履行好这两项职能，社会管理和公共服务也搞不好。通过强化社会管理和公共服务职能，实现政府职能结构的合理平衡，从而有效解决中国经济发展

---

① 参见马国芳、刘洪：《近30年来政府职能转变历程及目前的定位研究》，载《云南财经大学学报（社会科学版）》第24卷第4期，第58页。

与社会发展一条腿长、一条腿短的问题"①。

我国的职业安全与健康监管部门同样没能及时适应我国经济社会形势的不断发展变化而不断转变自己的职能，找准自己的角色定位，致使职业安全与健康监管绩效长期不佳，深为广大人民群众所诟病。2008年，国务院给国家安全生产监督管理总局重新确定了所必须履行的十七项职能，见表3-3-1。

表3-3-1 国家安全生产监督管理总局职能定位

	主要职能
国家安全生产监督管理总局	(1) 组织起草安全生产综合性法律法规草案，拟订安全生产政策和规划，指导协调全国安全生产工作，分析和预测全国安全生产形势，发布全国安全生产信息，协调解决安全生产中的重大问题。
	(2) 承担国家安全生产综合监督管理责任，依法行使综合监督管理职权，指导协调、监督检查国务院有关部门和各省、自治区、直辖市人民政府安全生产工作，监督考核并通报安全生产控制指标执行情况，监督事故查处和责任追究落实情况。
	(3) 承担工矿商贸行业安全生产监督管理责任，按照分级、属地原则，依法监督检查工矿商贸生产经营单位贯彻执行安全生产法律法规情况及其安全生产条件和有关设备（特种设备除外）、材料、劳动防护用品的安全生产管理工作，负责监督管理中央管理的工矿商贸企业安全生产工作。
	(4) 承担中央管理的非煤矿矿山企业和危险化学品、烟花爆竹生产企业安全生产准入管理责任，依法组织并指导监督实施安全生产准入制度；负责危险化学品安全监督管理综合工作和烟花爆竹安全生产监督管理工作。
	(5) 承担工矿商贸作业场所（煤矿作业场所除外）职业卫生监督检查责任，负责职业卫生安全许可证的颁发管理工作，组织查处职业危害事故和违法违规行为。

① 马国芳、刘洪：《近30年来政府职能转变历程及目前的定位研究》，载《云南财经大学学报（社会科学版）》第24卷第4期，第56页。

续表

	主要职能
国家安全生产监督管理总局	(6) 制定和发布工矿商贸行业安全生产规章、标准和规程并组织实施，监督检查重大危险源监控和重大事故隐患排查治理工作，依法查处不具备安全生产条件的工矿商贸生产经营单位。
	(7) 负责组织国务院安全生产大检查和专项督查，根据国务院授权，依法组织特别重大事故调查处理和办理结案工作，监督事故查处和责任追究落实情况。
	(8) 负责组织指挥和协调安全生产应急救援工作，综合管理全国生产安全伤亡事故和安全生产行政执法统计分析工作。
	(9) 负责综合监督管理煤矿安全监察工作，拟订煤炭行业管理中涉及安全生产的重大政策，按规定制定煤炭行业规范和标准，指导煤炭企业安全标准化、相关科技发展和煤矿整顿关闭工作，对重大煤炭建设项目提出意见，会同有关部门审核煤矿安全技术改造和瓦斯综合治理与利用项目。
	(10) 负责监督检查职责范围内新建、改建、扩建工程项目的安全设施与主体工程同时设计、同时施工、同时投产使用情况。
	(11) 组织指导并监督特种作业人员（煤矿特种作业人员、特种设备作业人员除外）的考核工作和工矿商贸生产经营单位主要负责人、安全生产管理人员的安全资格（煤矿矿长安全资格除外）考核工作，监督检查工矿商贸生产经营单位安全生产和职业安全培训工作。
	(12) 指导协调全国安全生产检测检验工作，监督管理安全生产社会中介机构和安全评价工作，监督和指导注册安全工程师执业资格考试和注册管理工作。
	(13) 指导协调和监督全国安全生产行政执法工作。
	(14) 组织拟订安全生产科技规划，指导协调安全生产重大科学技术研究和推广工作。
	(15) 组织开展安全生产方面的国际交流与合作。
	(16) 承担国务院安全生产委员会的具体工作。
	(17) 承办国务院交办的其他事项。

（上表摘录自国务院办公厅关于印发国家安全生产监督管理总局主要职责内设机构和人员编制规定的通知．国办发〔2008〕91号）

市场经济条件下的职业安全与健康监管部门，无疑主要是要履行好“市场监管”和“公共服务”职能。根据这一角色定位，上述这十七项职能实际上可以归结为两类职能：一类是市场监管职能（简称监管职能）；一类是公共服务职能（简称服务职能）。从当前我国职业安全与健康监管工作的实践来看，我国职业安全与健康监管部门在职能转变和职能定位上主要存在如下三方面的问题：

（一）监管职能和服务职能混淆

仔细分析国务院给国家安全监管总局所确定的应履行的职能，我们就可以发现，从中央政府层面都还没有分清楚职业安全与健康监管职能究竟哪些是属于监管职能，哪些是属于服务职能。例如第一项职责，“组织起草安全生产综合性法律法规草案，拟订安全生产政策和规划”就属于监管职能，“分析和预测全国安全生产形势，发布全国安全生产信息”则显然属于服务职能的范畴；第九项职能中，“负责综合监督管理煤矿安全监察工作，拟订煤炭行业管理中涉及安全生产的重大政策，按规定制定煤炭行业规范和标准”属于监管职能，而“指导煤炭企业安全标准化、相关科技发展和煤矿整顿关闭工作，对重大煤炭建设项目提出意见，会同有关部门审核煤矿安全技术改造和瓦斯综合治理与利用项目”则属于服务职能。究竟哪些属于监管职能，哪些又属于服务职能，监管职能和服务职能孰轻孰重，如果连决策层都没有分清楚的话，只能说明决策层目前对国家安全监督管理总局的职能定位和职能划分不清晰。

（二）职能实际履行过程中存在“重监管、轻服务”的现象

总结我国职业安全与健康监管部门日常开展工作的实际情况我们可以发现，目前它们主要履行以下职能：（1）制定有关职业安全与健康的法律法规、方针政策；（2）开展对职工工作场所遵守职业安全与健康法律法规和标准的情况进行监督检查和行政执法；（3）组织对发生的各类安全事故进行调查处理；（4）开展对企业是否符合职业安全与健康法律法规和标准进行行政审批；

(5) 组织对特种作业人员、企业安全管理人员、高危行业企业负责人及从事中介服务的安全工程师的从业资格进行认可；(6) 组织对社会中介组织从事安全咨询、服务的资格进行认可；(7) 组织开展职业安全与健康宣传教育和科学研究工作。以上这些职业安全与健康监管部门日常需要履行的职能从严格意义上讲，前面六项职能均属于监管职能的范畴，只有最后一项职能属于服务职能的范畴。因此，从总体上来看，我国各级职业安全与健康监管部门在履职过程中存在着“重监管、轻服务”的倾向。因为当前的中国，各类安全事故此起彼伏，仅2010年上半年就发生了6起一次死亡30人以上的特别重大事故，平均每个月1起①。职业安全与健康监管绩效与各级政府的高投入相比，显得十分低效率。基于政治功能的考虑，从中央到各级地方政府无形中都形成了“职业安全与健康必须从严监管”的固定思维。笔者的这一观点也可以在下面这一实例中得到印证。在2010年全国安全生产工作会议上，现任国家安全监管总局局长骆林总结了2009年全国突出抓了6个方面的工作：一是扎实推进安全生产执法行动，依法严厉打击各类非法违法行为。二是扎实推进安全生产治理行动，深化各重点行业领域安全生产专项整治。三是扎实推进安全生产宣传教育行动，强化安全意识，提高安全技能。四是切实加强安全生产法制体制机制建设，促进安全生产工作进一步规范、有序、高效开展。五是切实加强安全保障能力建设，推进“科技兴安”和基层基础工作，提高应急救援能力。六是切实加强安监队伍建设，为履行好安全生产工作职责提供组织保证②。以上六项工作，除了第五项内部保障能力建设和第六项队伍建设外，排在第一、第二位的工作仍然是监管职能的履行。目前我国各级职业安

① 参见国家安全生产监督管理总局网站，事故快报栏目，http：//www.chinasafety.gov.cn/newpage/。

② 参见国家安全生产监督管理总局网站，http：//www.chinasafety.gov.cn/zxft/zxft/allRecord.jsp？aid=12。

全与健康监管部门在提供职业安全与健康公共物品（例如职工可以随时得到职业安全与健康保护用品）和公共服务（例如职工随时可以得到由政府付费的安全知识和安全技能的培训和训练）的能力与职工日益增长的需求之间仍然有较大的差距。最让人感到遗憾的是，到目前为止，还有许多职业安全与健康监管部门根本没有意识到提供公共物品和公共服务给监管客体乃监管主体的分内之职，反而是通过提供服务然后收取费用来谋取利益，全然不顾自己在履职上的“错位”和“缺位”。

（三）政府职能划分横向交叉和纵向重叠严重。

我国的政府机构职责同构、交叉重叠现象普遍存在，在职业安全与健康监管领域则显得更加突出。职能划分上横向交叉和纵向重叠直接导致了同一级政府部门与部门之间及不同层级监管部门之间互相推诿、扯皮，这种司空见惯的现象不仅增加了综合协调部门（各级政府安全生产委员会办公室）的工作难度和成本，而且还导致监管工作出现“真空”，最终影响职业安全与健康监管的绩效。举例来说，本来就同属于同一类性质的职业安全与健康监管职能，中央一级政府就分成了大约十多个部门来履行：其中国家安全监督管理总局负责工矿商贸企业工作场所职工职业安全与健康的监管工作；国家人力资源和社会保障部负责职工在工作场所中的工作时间和休假、女工和未成年工劳动保护、工伤保险等事项的监管；国家质量监督检验检疫总局负责涉及锅炉、压力容器、压力管道、电梯、起重机械、客运索道、大型游乐设施、场（厂）内专用机动车辆等特种设备使用场所的职业安全与健康监管；国家住房和城乡建设部负责建筑施工场所的职业安全与健康监管；国家交通运输部负责公路、水路运输场所职工的职业安全与健康监管；国家铁道部负责铁路运输线范围内职工的职业安全与健康监管；国家水利部负责国家水利建设工程及水库、大坝场所职工的职业安全与健康监管；国家卫生部负责起草职业卫生法律法规草案，拟订职业卫生标准，规范职业病的预防、保健、检查和救治，负责职业卫生技术服务机构资质认定和职业卫生评价及化学品毒性鉴定工作；工业和信息化部负责爆破作业场所职工生命安全与健康监管……性质相同、监管方式也相同的同样一件工作，被人为分割成如此多且行政级别一样的部门来监管，必然形成交叉。建筑施工场所的职工职业安全与健康保护问题，建设部门能去管，安监部门也可以去管；使用大型游乐设施的旅游场所，质量监督检验检疫部门能去管，安监部门也能去管；工作时间与休假、女工和未成年工的保护直接关系到职工的生命安全与健康保护问题，却要人力资源和社会保障部去监管而不是安全监管总局去监管。笔者不禁要问，在水利工程施工现场，又涉及使用起重机械等特种设备，其职工的生命安全与健康保护工作究竟是由水利部还是国家质量监督检验检疫总局去监管呢？似乎管的部门多了，管的效果就好了，其实恰恰相反，看似各部门齐抓共管，实际上没一个部门真正负责任，因为在责任面前，推诿往往是所有"理性经济人"的行为选择，所以很多场所出现监管"真空"也就不足为怪。

与此同时，我国各层级政府在职能定位和职能划分上模糊不清，中央、省、市、县政府的职能定位及职能划分上具有很强的同质性，"职责同构"问题十分突出。从政府职能定位及职能划分的纵向比较中，可以看出中国的每一级政府几乎都在干着相同的事情。换言之，在中国，不同层级的政府几乎承担着相似的职能，各层级政府的职能相互重叠，缺乏独立性，上级政府可以随时行使下级政府的权力，下级政府始终处于附属和被动的地位。这种职能划分上的重叠，在我国职业安全与健康监管部门纵向各层级之间也毫无例外，只要仔细对比一下国家安全监管总局与各省级安全生产监督管理的职能配置就可以得到证实。在此，笔者仅列举广东省安全生产监督管理局的职能定位（见表 3-3-2）以供与国家安全生产监督管理总局的职能定位（见表 3-3-1）进行对照。

表 3-3-2　　广东省安全生产监督管理局的职能定位

	主要职能
广东省安全生产监督管理局	(1) 承担广东省安全生产委员会办公室的日常工作。具体职责是：研究提出安全生产重大方针政策和重要措施的建议；监督检查、指导、协调省人民政府有关部门和各地级以上市人民政府的安全生产工作；组织全省安全生产大检查和专项督查；参与研究有关部门在产业政策、资金投入、科技发展等工作中涉及安全生产的相关工作；负责组织特大生产安全事故调查处理和办理结案工作；组织协调特大生产安全事故应急救援工作；指导、监督、协调全省安全生产行政执法工作；承办省安全生产委员会召开的会议和重要活动，督促、检查省安全生产委员会会议决定事项的贯彻落实情况；承办省安全生产委员会交办的其他事项。
	(2) 综合监督管理全省安全生产工作。制订全省安全生产发展规划；定期分析和预测全省安全生产形势，研究、协调安全生产中的重大问题；组织起草全省安全生产综合性法规、规章；拟订并组织实施工矿商贸生产经营单位安全生产标准、规程；组织、指导全省安全生产责任制的考核、考评工作。
	(3) 发布全省安全生产信息，负责全省安全生产事故统计和安全生产行政执法分析工作；依法组织、协调全省重大、特大生产安全事故的调查处理和办理结案工作，并监督事故查处的落实情况。
	(4) 拟订安全生产科技规划，组织、指导和协调相关部门和单位开展安全生产重大科学技术研究和技术示范工作；指导全省安全生产信息化工作。
	(5) 依法监督检查有关部门（行业）和工矿商贸生产经营单位贯彻执行安全生产法律、法规情况及其安全生产条件和有关设备（特种设备除外，下同）、材料、劳动防护用品的安全生产管理工作，在职责范围内依法对不具备安全生产条件的行为进行查处；依法监督检查工矿商贸生产经营单位的重大危险源监控、重大事故隐患的整改工作。
	(6) 依法监督检查国家和省审批的非煤矿山、危险化学品新建、改建、扩建工程项目的安全设施与主体工程同时设计、同时施工、同时投产使用（以下简称“三同时”）情况。

续表

	主要职能
广东省安全生产监督管理局	(7) 依法监督管理非煤矿山、危险化学品安全生产工作。
	(8) 组织、指导安全生产宣传教育工作，负责安全生产监督管理人员的安全培训、考核工作，依法组织、指导并监督特种作业人员（特种设备作业人员和国家对行业从业资质资格另有规定的除外，下同）的考核工作和工矿商贸生产经营单位主要经营管理者、安全生产管理人员的安全资格考核工作；监督检查工矿商贸生产经营单位安全生产培训工作。
	(9) 指导、协调全省安全生产检测检验工作；组织实施对工矿商贸生产经营单位安全生产条件和有关设备进行检测检验、安全评价、安全培训、安全认证、安全咨询等社会中介组织的资质管理工作，并进行监督检查。
	(10) 在职责范围内组织实施注册安全主任制度；组织实施注册安全工程师职业资格制度，监督和指导注册安全工程师执业资格考试和注册工作。
	(11) 组织开展安全生产工作交流与合作。
	(12) 负责省人民政府委托管理的海上搜寻救助工作。
	(13) 承办省人民政府和国家安全生产监督管理总局交办的其他事项。

（上表摘录自广东省人民政府办公厅印发广东省安全生产监督管理局职能配置内设机构和人员编制规定的通知，粤府办［2007］52号）

通过国家安全监管总局与广东省安全生产监督管理局职能定位的对比，我们可以清楚地发现中央一级职业安全与健康监管部门与次中央一级政府的职能定位及职能划分表现出高度的一致性。特别是最后一条都是“承办上级交办的其他事项”。这一条简单的规定，不仅充分体现出下级服从上级的原则，而且将政府行政权力自上而下的运行规律潜在地贯穿在整个政府职能划分体系之中。这种规定也直接导致了各层级的职业安全与健康监管部门之间不存在独立性，无法实现依法履行特定职能的基本要求。由于同质化的职能划分通常只涉及职业安全与健康监管的共性事项，我国地域辽阔，人口众多，不同地区经济社会发展水平各异，不同地方的职业安全与健康监管部门所面临的监管对象各不相同，职能划分的同质化或过于泛化，必然不能适应复杂多变的形势，导致监管的失灵。

三、我国职业安全与健康监管部门组织结构设置不合理

职能划分是组织结构设置的内容和依据，组织结构设置是履行职能的载体，两者相辅相成。政府职能必须由具体的机构去履行，因此必须合理设置各层级政府机构，科学划分同一层级政府各部门之间以及不同层级的相同部门之间的职责权限。在中国，政府机构的设置主要是功能性机构设置和地区性机构设置两种形式①。功能性机构的设置我们通常称之为“条条”系统。这种“条条”系统从行政领导关系的不同又可分为两类：一类是双重领导结构，在设置上基本按行政区划进行设置，在业务上由中央部门为主导，在人财物的管理上实行以地方政府为主导。这些机构既履行与中央部门相似的职能，同时又承担地方政府职能。另一类是垂直管理机构，其特点是：不仅工作由中央业务主管部门领导，人、财、物等管理也是由中央业务主管部门负责。这类机构在设立时，可以视不同情况跨行政区划设置，也不列入地方政府工作部门序列。地区性机构设置主要是指那些直接受地方政府领导的管理机构，也就是我们通常所说的“块块”系统，纳入地方政府工作部门序列。我国职业安全与健康监管部门组织结构设置既有属于双重领导结构设置的，也有属于垂直领导设置的。从总体上看存在着机构设置过多、过滥的特征，人为造成机构庞杂、运行紊乱的现状。具体来说，主要存在以下两方面的问题：

（一）同级政府履行职业安全监管职能的部门设置过多

目前在我国中央政府层面主要负责职业安全与健康监管的部门有：国家安全生产监管管理总局（国家煤矿安全监察局）、人力资源和社会保障部、质量监督检验检疫总局、住房和城乡建设部、交通运输部、铁道部、水利部、卫生部、工业和信息化部；牵涉到职业安全与健康

① 参见沈荣华：《中国地方政府学》，社会科学文献出版社2006年版，第80页。

监管的机构还有：公安部（消防管理局和交通管理局）、监察部、国土资源部、环境保护部、农业部、国家工商行政管理总局、国家旅游局、国家林业局、国家电监会等部门，所有部门加起来超过了20个。各级地方政府职业安全与健康监管部门的设置大体与中央政府相一致，同样是保护职工的生命安全与健康这一项职能，在我国被硬生生地切割成极其精细的20多块，然后由20多个职能部门来分别履行。因此，我国的职业安全监管体系在运行过程中，上下级政府间、左右部门之间因职能交叉重叠而互相推诿、扯皮是常态，这样的机构设置和组织结构运行起来不仅行政效率低下，而且行政运行成本极高。

（二）双重领导体制和垂直管理体制交错

当前我国职业安全与健康监管部门组织结构设置上存在两种完全不同的领导体制。一种是双重领导体制的组织结构设置，例如从中央政府到各级地方政府单独设立的安全生产监督管理部门，就是典型的双重领导体制。业务上，各级地方安全生产监督管理局受上级安监机构和当地党委政府的双重领导；但在人财物的管理上则只接受地方政府领导。这种双重领导体制的设置方式在我国的职业安全与健康监管部门中占多数，又如住房和城乡建设系统、人力资源和社会保障系统等。但同时，由国家安全生产监督管理总局负责管理的国家煤矿安全监察局则实行的是垂直管理体制，全国各地区煤矿安全监察分局的业务直接由国家煤矿安全监察局领导，人财物也由国家煤矿安全监察局主管。从煤矿监管部门垂直领导体制的设置形式来看，煤矿的职业安全与健康监管工作主要由中央负责，地方政府没有被赋予相应的煤矿安全监管权力。但由于地方政府的安全生产监督管理局在职能定位上被赋予了综合管理本辖区范围内的安全生产工作，从理论上讲，对地方煤矿也存在着综合管理责任。但这种责任的承担是在不拥有对煤矿开采企业实际监管权力和执法手段的基础之上的，因此权责十分不对等，在发生煤矿安全事故后地方政府领导被追究责任往往十分冤枉。

四、我国职业安全与健康监管部门权责配置不对等

中国政府行政权力配置的主要法律依据是《宪法》和《地方政府组织法》。这两部法律规定我国上下级政府之间的权力配置模式为：

“剩余权力”和“列举权力”都归中央政府，中央政府然后通过行政方式将某些权力授予下级地方政府。[①] 中国政府各层级间权力结构是建立在下级服从上级的传统科层制组织基础之上的。传统的科层制组织是一个等级实体，具有等级与权力相一致的特点。所谓等级实体，是指将各种公职或职位按权力等级匹配起来，形成一个等级制的自上而下的指挥链条，由最高层级的组织指挥控制下一层级的组织，直至最基层的组织，最终形成一种层级节制的官僚制权力体系。在韦伯看来，这种层级节制的传统科层制组织，其最重要的一个特点就是“关于等级制与各种按传统等级赋予权力的原则”。这“意味着一种牢固而有秩序的上下级制度，在这种制度中存在着一种上级机关对下级机关的监督关系。”[②] 进一步说，由于中国长期实行中央集权体制和传统的科层制组织结构，权力、职责、利益这种本来三位一体的连带体系，在中国政府的组织结构体系中三者往往表现出不一致的情形：其中，权力按升序排列，政府层级越高，权力就越大，层级越低，权力则越小。由于责任的确定、利益的获得均与权力的大小有直接关系，这种政府层级间的权力升序关系直接导致了责任的降序排列，利益的升序排列，即政府层级越低责任就越重，利益就越小；层级越高责任就越轻，利益就越大。中国当前这种权力配置的制度环境，深刻地影响着我国职业安全与健康监管权力的配置。

（一）行政许可权力过分集中于中央和次中央一级，不利于基层政府公共服务的提供

根据国家结构形式理论，在单一制国家中，地方政府的权力来自于中央政府的授权，中央政府主导着中央政府与地方政府的权力配置。我国是典型的中央集权的单一制国家，权力始终是按升序排列的，即政府层级越高，权力越大。所以在我国行政权力的纵向配置中，普遍存在着权力过分集中于中央一级和次中央一级的现象，地市级政府，

---

① 参见马斌：《政府间关系：权力配置与地方治理》，浙江大学博士学位论文，2008 年 6 月，第 70 页，指导教师：陈剩勇。

② 马克斯·韦伯：《官僚制》，载《国外公共行政理论精选》，中央党校出版社 1997 年版，第 34 页。

尤其是最接近公众服务对象的县级政府，往往不具有为人民群众提供最快捷、最便利公共产品和服务所应该具有的权力。我国的职业安全与健康监管权力的纵向配置也毫不例外，甚至是有过之而无不及。我国职业安全与健康监管的行政许可权几乎全部集中在中央一级和次中央一级政府，县级人民政府基本上不具有职业安全与健康方面的行政审批权，即便有也是上级政府在许可过程中授予的内部初审权。以下是笔者列举的我国职业安全与健康主要行政许可权的纵向配置情况（见表3-3-3）：

表3-3-3　我国职业安全与健康主要行政许可权纵向配置情况

行政许可项目名	行政许可项目依据文件	法定实施主体	所属类别
矿山救护队资质认定	《矿山救护队资质认定管理规定》国家安全生产监督管理总局第2号局长令 《关于印发〈矿山救护队资质认定管理规定实施细则〉的通知》（安监总办字[2005]211号） 关于做好矿山救护队资质认定管理工作的通知（安监总办字[2005]210号） 《矿山救护队资质证书印制、编号说明》国家安全生产监督管理总局公告（2007年第7号） 《关于进一步做好矿山救护队资质认定工作的通知》（安监总厅应急[2007]84号） 《关于上报三、四级矿山救护队资质认定工作的通知》（应指信息[2006]24号）	国家安全生产应急救援指挥中心依法对安全生产应急救援队伍实施资质管理，负责一、二级矿山救护队资质认定的管理工作。省级安全生产监督管理部门和省级煤矿安全监察机构按照职责分工，负责本行政区域内三、四级矿山救护队的资质认定管理工作。	按照“国务院决定保留的除法律、行政法规以外的规范性文件设定的行政许可项目（国务院412号令）

续表

行政许可项目名	行政许可项目依据文件	法定实施主体	所属类别
安全培训机构资格认可	《安全生产培训管理办法》国家安全生产监督管理总局第20号局长令 《关于贯彻实施〈安全生产培训管理办法〉有关问题的通知》(安监管司办字[2005]17号) 《关于培训机构师资培训有关问题的通知》(安监总司函人字[2005]3号)	(1)国家安全监管总局：一、二级安全生产培训机构和一、二级煤矿安全培训机构。 (2)省(区、市)安全监管局:三、四级安全生产培训机构。 (3)省级煤矿安全监察机构:三、四级煤矿安全培训机构。	
矿山建设项目和用于生产、储存危险物品的建设项目的安全设施设计的审查	《中华人民共和国矿山安全法》 《转发国务院办公厅关于印发国家安全生产监督管理总局和国家煤矿安全监察局主要职责内设机构人员编制规定的通知》(安监总办字[2005]5号 《中华人民共和国安全生产法》 《非煤矿矿山建设项目安全设施设计审查与竣工验收办法》(局长令) 《关于加强建设项目安全设施"三同时"工作的通知》(发改投资[2003]1346号) 《关于印发非煤矿矿山建设项目初步设计〈安全专篇〉编写提纲和安全设施设计审查与竣工验收有关表格格式的通知》(安监总管一字[2005]29号) 《国家安全监管总局关于印发氧化铝建设项目氧化铝部分初步设计〈安全专篇〉编写提纲的通知》(安监总管一[2007]46号) 《煤矿安全监察条例》第21条 《矿山安全法》第8条 《安全生产法》第26条	各级安全生产监督管理部门、煤矿安全监察机构。非煤矿山:国家安全生产监督管理总局指导、监督全国建设项目安全设施设计审查和竣工验收工作,负责下列建设项目安全设施的设计审查和竣工验收: (1)国务院或者国务院有关部门审批的建设项目; (2)国务院或者国务院有关部门核准的建设项目; (3)国务院有关部门备案的建设项目; (4)跨省、自治区、直辖市行政区域的建设项目; (5)海洋石油天然气企业的建设项目; (6)核工业矿山或者其他有特殊要求的建设项目。 其他建设项目安全设施的设计审查和竣工验收工作,由省、自治区、直辖市安全生产监督管理部门按照分级管理的原则作出规定。	

续表

行政许可项目名	行政许可项目依据文件	法定实施主体	所属类别
矿山建设项目和用于生产、储存危险物品的建设项目的安全设施的竣工验收。	《中华人民共和国矿山安全法》 《转发国务院办公厅关于印发国家安全生产监督管理总局和国家煤矿安全监察局主要职责内设机构人员编制规定的通知》(安监总办字[2005]5号 《中华人民共和国安全生产法》 《非煤矿矿山建设项目安全设施设计审查与竣工验收办法》(局长令) 《关于加强建设项目安全设施“三同时”工作的通知》(发改投资[2003]1346号) 《关于印发非煤矿矿山建设项目初步设计〈安全专篇〉编写提纲和安全设施设计审查与竣工验收有关表格格式的通知》(安监总管一字[2005]29号) 《国家安全监管总局关于印发氧化铝建设项目氧化铝部分初步设计〈安全专篇〉编写提纲的通知》(安监总管一〔2007〕46号) 《煤矿安全监察条例》第22条 《矿山安全法》第12条 《安全生产法》第27条	各级安全生产监督管理部门、煤矿安全监察机构。 非煤矿山:国家安全生产监督管理总局指导、监督全国建设项目安全设施设计审查和竣工验收工作,负责下列建设项目安全设施的设计审查和竣工验收: (1)国务院或者国务院有关部门审批的建设项目; (2)国务院或者国务院有关部门核准的建设项目; (3)国务院有关部门备案的建设项目; (4)跨省、自治区、直辖市行政区域的建设项目; (5)海洋石油天然气企业的建设项目; (6)核工业矿山或者其他有特殊要求的建设项目。 其他建设项目安全设施的设计审查和竣工验收工作,由省、自治区、直辖市安全生产监督管理部门按照分级管理的原则作出规定。	

续表

行政许可项目名	行政许可项目依据文件	法定实施主体	所属类别
安全标志认证机构的确定	矿用产品安全标志 国家安全生产监督管理总局“三定”方案 《安全生产法》第62条 《安全生产法》第30条 《关于印发〈特种劳动防护用品安全标志实施细则〉的通知》(安监总规划字[2005]149号) 《劳动防护用品监督管理规定》国家安全生产监管管理总局第1号局长令	国家安全生产监督管理总局	
安全生产检测检验机构资质认定	国家安全生产监督管理总局“三定”方案 《安全生产法》第62条 《国家安全监管总局办公厅关于安全生产检测检验机构资质证书有关事项的通知》(安监总厅规划〔2007〕40号) 《国家安全监管总局关于印发安全生产检测检验机构资质认定评审通用准则及认定申请书的通知》(安监总规划〔2007〕28号) 《安全生产检测检验机构管理规定》国家安全生产监督管理局令第12号	省级以上安全生产监督管理部门、煤矿安全监察机构	

续表

行政许可项目名	行政许可项目依据文件	法定实施主体	所属类别
安全评价和咨询机构资质认定	国家安全生产监督管理总局“三定”方案 《安全生产法》第62条 《国家安全监管总局关于加强和规范安全评价工作监管的若干意见》(安监总规划〔2007〕59号) 《关于加强安全评价机构监督管理工作的通知》(安监总规划〔2006〕108号) 《关于印发〈安全评价人员资格登记管理规则〉的通知》(安监总规划字[2005]108号) 《关于印发〈安全评价机构考核管理规则〉的通知》(安监总规划字〔2005〕65号) 《关于贯彻实施〈安全评价机构管理规定〉的通知》(安监管司办字[2004]139号) 《安全评价机构管理规定》国家安全生产监督管理局令第13号	省级以上安全生产监督管理部门、煤矿安全监察机构	

续表

行政许可项目名	行政许可项目依据文件	法定实施主体	所属类别
高危企业主要负责人和安全生产管理人员的安全资格认定	《关于生产经营单位主要负责人、安全生产管理人员及其他从业人员安全生产培训考核工作的意见》(安监管人字〔2002〕123号) 国家安全生产监督管理总局“三定”方案 《安全生产法》第二十条 《关于印发安全资格证书新式样的通知》(安监总厅培训[2006]37号) 《生产经营单位安全培训规定》国家安全生产监督管理总局令第3号 《关于贯彻实施〈安全生产培训管理办法〉有关问题的通知》(安监管司办字〔2005〕17号) 号《安全生产培训管理办法》国家安全生产监督管理局令第20	省级以上安全生产监督管理部门、煤矿安全监察机构	
特种作业人员操作资格认定(特种设备作业人员除外)	《关于特种作业人员操作证(IC卡)工本费取消后管理问题的通知》(安监总厅字〔2005〕3号) 《矿山安全法》第26条 《劳动法》第55条 《安全生产法》第23条 《安全生产培训管理办法》国家安全生产监督管理局令第20号	市级以上安全生产监督管理部门、煤矿安全监察机构	

续表

行政许可项目名	行政许可项目依据文件	法定实施主体	所属类别
危险化学品安全生产、经营许可证核发	《危险化学品安全管理条例》第27、29条 《安全生产许可证条例》(国务院令第397号)第2条 危险化学品安全生产、经营许可证办理指南 《危险化学品生产企业安全生产许可证实施办法》国家安全生产监督管理局第10号局长令	省级以上安全生产监督管理部门和市级以上安全生产监督管理部门	《危险化学品安全管理条例》(国务院令第344号)
设立危险化学品生产、储存企业审批	《安全生产法》第26条 《安全生产法》第27条 《安全生产法》第32条 《危险化学品安全管理条例》第7条 《危险化学品建设项目安全许可实施办法》国家安全生产监督管理总局第8号局长令	省级以上安全生产监督管理部门	
烟花爆竹安全生产许可证核发	《烟花爆竹生产企业安全生产许可证办理程序》 《烟花爆竹安全管理条例》(国务院令455号)第3条 《安全生产许可证条例》(国务院令第397号)第2条	省级以上安全生产监督管理部门	《安全生产许可证条例》 《烟花爆竹安全管理条例》

续表

行政许可项目名	行政许可项目依据文件	法定实施主体	所属类别
烟花爆竹经营(批发、零售)许可证核发	《烟花爆竹安全管理条例》(国务院令455号)第3条	县级以上安全生产监督管理部门	
矿山企业安全生产许可证核发	《安全生产许可证条例》(国务院令第397号)第2条 《非煤矿矿山企业安全生产许可证实施办法》国家安全生产监督管理局局长令第9号 《关于印发非煤矿矿山企业安全生产许可证申请书等13种文书格式的通知》(安监管管一字[2004]93号) 《关于〈非煤矿矿山企业安全生产许可证实施办法〉若干问题说明的通知》(安监管管一字〔2004〕100号)	省级以上安全生产监督管理部门、煤矿安全监察机构。 非煤矿山:国家安全生产监督管理总局指导、监督全国非煤矿矿山企业安全生产许可证的颁发管理工作,负责中央管理的非煤矿矿山企业(集团公司、总公司、上市公司)和海洋石油天然气企业安全生产许可证的颁发和管理。 省、自治区、直辖市人民政府安全生产监督管理部门(以下称省级安全生产许可证颁发管理机关)负责前款规定以外的非煤矿矿山企业以及含有非煤矿山或者设有尾矿库的其他非矿山企业安全生产许可证的颁发和管理。	
职业卫生安全许可	国家安全生产监督管理总局"三定"方案 《使用有毒物品作业场所劳动保护条例》第11条	省级以上安全生产监督管理部门、煤矿安全监察机构	

续表

行政许可项目名	行政许可项目依据文件	法定实施主体	所属类别
注册安全工程师资格认定(注册)	《国务院对确需保留的行政审批项目设定行政许可的决定》(中华人民共和国国务院令第412号)第84项——《列入政府管理范围的专业技术人员职业资格审批》(由人事部、国务院各有关主管部门实施)	国家安全生产监督管理总局	
海洋石油安全中介机构资质认可	国家安全生产监督管理总局“三定”方案 《安全生产法》第62条 《海洋石油安全生产规定》国家安全生产监督管理总局令第4号 《关于海洋石油天然气安全中介机构资质发(换)证工作的通知》(安监管海油字〔2005〕16号)	国家安全生产监督管理总局	

(上表摘录自国家安全生产监督管理总局网站，http://www.chinasafety.gov.cn/newpage/xzxk/xzxk.htm)

从上表我们可以清晰地看到，我国职业安全与健康监管系统主要的17项行政审批事项中，最后的审批或者许可权落到县级安全生产监管部门的仅仅有一项：烟花爆竹经营（批发、零售）许可证核发；落到地市级（或副省级）安全生产监管部门的也仅仅有一项：特种作业人员操作资格认定（特种设备作业人员除外）。其他15项行政审批权全部落在省级以上安全监管部门。由此可见，我国职业安全与健康监管权力中最核心的权力——市场准入许可权在纵向配置中几乎全部配置给了中央一级和次中央一级。我国职业安全与健康监管的行政许可权从政府的角度讲是一种监管权力的行使，从企业和职工的角度讲，则是政府服务的一种提供，越便民越好。如果按目前这种几乎全部集中于中央和次中央一级的行政许可权配置模式，一方面，不利于调动基层监管部门的积极性，更为重要的是不便于企业和职工办事。

（二）上级机构有权无责，下级机构有责无权，权责配置不对等

与行政许可权高度向中央和次中央一级政府集中相反的是，我国职业安全与健康监督监察权、行政执法权从纵向配置来看，应该说都配置到了县一级政府。但这两种权力的行使更多地体现的是监管责任的承担。因为发生了安全事故，首先要被追究的就是看“是否存在监管不力”，政府职业安全与健康监管部门因“监管不力”而导致在事故追责过程中承担责任已成为一种普遍现象，而且这种责任的承担往往与权力的拥有具有相反的趋势，即政府层级越低，承担的责任越大。看看这些年来我国安全事故发生后对政府部门相关人员的追责，就会毫无疑问得出这一结论。笔者整理了我国近几年4起特大安全事故（一次死亡人数超过30人包含30人以上的安全事故）追责的相关实例（如下表3-3-4）来说明这一问题。

表3-3-4　我国近几年来4起特大安全事故政府责任人责任追究实例

特大安全事故名称	死亡人数	政府相关责任人具体责任追究的情况	备注
2005年广东省梅州市兴宁市大兴煤矿“8·7”特大透水事故	121	1. ×××，梅州市政法委副书记，撤销党内职务。 2. ×××，梅州市人大常委会秘书长、原兴宁市委书记，受到党内警告。 3. ×××，兴宁市市长、市委副书记，行政撤职、撤销党内职务。 4. ×××，兴宁市市委书记、市人大常委会主任，党内严重警告。 5. ×××，梅州市常务副市长、市委常委，行政撤职、撤销党内职务。 6. ×××，梅州市市长、市委副书记，行政降级、党内严重警告。 7. ×××，省国土资源厅副厅长、党组成员，行政记大过、党内警告。 8. ×××，省安全生产监督管理局局长、党组书记，行政记大过、党内警告。	政府相关责任人按政府层级和行政级别由低到高的顺序由重到轻承担责任

特大安全事故名称	死亡人数	政府相关责任人具体责任追究的情况	备注
2005年黑龙江七台河东风煤矿"11·27"特别重大煤尘爆炸事故	171	1. ×××，七台河分公司总工程师，行政记大过、党内警告。 2. ×××，七台河分公司副总经理，对事故的发生负有重要领导责任。给予行政记过处分。 3. ×××，龙煤集团副董事长、总经理，对事故的发生负有重要领导责任。给予行政记大过处分。 4. ×××，龙煤集团董事长、党委书记。已因涉嫌其他经济问题立案调查，待结案时并案处理。 5. ×××，黑龙江经济委员会副主任、党组成员，对事故的发生负有重要领导责任。给予行政记过处分。 6. ×××，黑龙江煤矿安全监察局佳合监察分局局长，对事故的发生负有重要领导责任。给予行政记过处分。 7. ×××，黑龙江省副省长、省政府党组成员，对事故的发生负有领导责任。给予行政记过处分。	政府相关责任人按政府层级和行政级别由低到高的顺序由重到轻承担责任
2005年河北唐山恒源实业有限公司"12·7"特别重大瓦斯煤尘爆炸事故	108	1. ×××，中共党员，开平区煤矿安全监督局生产技术科科长，撤职、党内严重警告。 2. ×××，中共党员，开平区煤矿安全监督局副局长，撤职、党内严重警告。 3. ×××，开平区煤矿安全监督局局长、党总支书记，降级、党内严重警告。 4. ×××，开平区人民政府副区长、区委委员，降级、党内严重。 5. ×××，开平区人民政府区长、区委副书记，记大过、党内警告。 6. ×××，原开平区区委书记（2006年6月14日已免去其区委书记、常委、委员职务，现工作待分配），对矿主出境外逃问题负有领导责任，党内严重警告。	

续表

特大安全事故名称	死亡人数	政府相关责任人具体责任追究的情况	备注
		7. ×××，中共党员，唐山市安全生产监督管理局煤矿安全协调处副处长，撤职、党内严重警告。 8. ×××，中共党员，唐山市安全生产监督管理局副局长，降级、党内严重警告。 9. ×××，唐山市安全生产监督管理局局长、党组书记，记过处分。 10. ×××，唐山市副市长，分管煤矿安全生产工作，记大过处分。 11. ×××，唐山市政协主席、党组书记（2006年9月30日免去市长职务，2007年2月任唐山市政协主席），给予党内警告处分。	
2007年湖南省凤凰县堤溪沱江大桥“8·13”特别重大坍塌事故	64	1. ×××，湘西自治州交通局局长、党组副书记，记大过、党内严重警告。 2. ×××，湖南省交通建设质量监督自治州分站副站长，撤职、党内严重警告。 3. ×××，湖南省交通建设质量监督站副站长，撤职、党内严重警告。 4. ×××，湖南省公路局总工程师，撤职、党内严重警告。 5. ×××，湖南省公路局局长、党委书记，撤职、撤销党内职务。 6. ×××，湖南省交通厅规划办公室主任，记过。 7. ×××，1993年至2006年3月任湖南省交通厅厅长、党组书记，现任湖南省委督办专员，记大过、党内警告。 8. ×××，湖南省湘西自治州政府副州长、党组成员，州安全生产委员会主任，记大过、党内警告。 9. ×××，湘西自治州州委副书记、州长，因其他违法违纪问题已被湖南省纪委立案调查，一并处理。	政府相关责任人按政府层级和行政级别由低到高的顺序由重到轻承担责任

（以上表格由笔者自国家安全生产监督管理总局网站摘录整理，基于保护和尊重个人隐私的目的，笔者隐去了受到行政处分人员的真实姓名，http://www.chinasafety.gov.cn/newpage/zwgk/tdsgdccl/zwgk_tdsgdccl.htm。

公共权力和利益之间有着紧密的联系。有学者指出：权力不等于利益，但权力与利益是紧密相连的。利益是行使权力的目标；权力是创造利益、获取利益的有效手段。如果没有利益，权力就是空洞的；没有利益，权力的行使就失去了意义……从理论上说权力创造的利益有两部分，一是公众利益或社会整体利益，一是私利，为自己创造的利益。而私利又分为两部分：一是合法的个人所得，一是非法的个人所得。利用公共权力获取个人私利，就是以权谋私，就是腐败①。总之，正是基于对利益（不管是公利还是私利）的追逐，各级政府官员才去追求公共权力的获得。我国职业安全与健康监管权力，尤其是最能带来私利的行政许可权力的向上集中与安全事故追责时的责任下移，使得基层（地市级、县乡级）职业安全和监管部门的工作人员怨声载道。这种纵向权力配置中的权责严重不对等的现象，严重打击了基层职业安全与健康监管人员从事监管工作的积极性。

五、我国职业安全与健康监管部门行政运行机制不畅顺

对我国行政运行机制不畅顺的问题，学界多有评述。综合起来，主要有以下四个方面的问题。一是行政权力的设置和分配不尽合理。这主要是指政府设权不当，管了一些不该管的事情；另外行政权力过分集中，决策权、执行权、监督权集于一身，权力结构处于失衡状态。这种状况一方面造成行政权力缺乏合理分工，权力资源不能得到良好配置，权力运行效率低下，极大地抑制了下级的积极性；另一方面也造成了许多不受制约的“真空地带”，权责失衡现象严重，内部监督体系形同虚设。二是行政权力运行的法制化程度不高。这一点主要体现在三个方面：从行政立法角度讲，现有的政府组织法过于简单，对政府的职能划分、组织结构设置、权力配置、行政运行机制等重要问题缺乏明确具体的规定，全国至今还没

---

① 参见张迪：《论公共权力与利益的关系》，载《云南社会科学》2003年第5期，第39页。

有一部完整统一的行政程序法，其他有关程序方面的法律法规和规定相对分散、相互冲突、缺乏可操作性和权威性。从行政执法角度讲，行政主体有法不依、执法不严、违法不究的现象也屡见不鲜。从行政监督的角度讲，多年的行政传统，导致习惯于以政府或者部门文件形式来约束和监督权力运行，缺乏规范性、操作性、预防性、长期性和威慑性。三是行政权力的运行过程缺乏规范透明。行政权力运行不规范，体现在权力运行缺乏清晰、严密、具体的规范，未形成互相衔接、环环相扣的权力和责任网络；行政权力运行不透明，主要体现在权力运行程序和规则对外公开的程度不高，例如行政决策程序、行政执行程序、行政监督程序等，中国政府多采用"内部文件"、"部门规定"等对外开展工作，规则程序只有政府官员自己才知道，这样就难免出现"暗箱操作"，腐败问题也由此而生①。四是行政权力运行的激励和约束机制不完善。从我国当前的情况来看，行政权力运行的过程和结果这两个阶段，都缺乏必要且完整而有效的激励和约束机制，已有的激励和约束机制的正面效应较弱，在一定程度上反而容易导致行为人价值观的扭曲，成为腐败问题繁殖的重要诱因。作为我国政府权力系统中的一个子系统，我国的职业安全与健康监管权力运行机制也毫无例外地、或多或少地存在上述几方面的问题，但显得尤其突出的主要是以下两方面的问题：

（一）政策的制定、执行、监督权力集于一身，造成部门权力利益化

在我国传统官僚制政府管理模式中，职能部门通常集政策的制定权、执行权和监督权于一身。这种制度安排本来是为了行政管理部门在法律法规赋予的权限范围之内主动地、快速地处理各种繁杂的社会公共事务。但三种权力集中在一起，就不可避免地出现行政

---

① 参见中国行政管理学会课题组：《建立权力运行制约机制的理论分析和构想》，载《中国行政管理》2002年第4期。

体系内部的小循环，这种小循环在我国当前公共财政还不富裕、财政供养体制还不健全的情况下，是造成部门权力利益化的根源。我国职业安全与健康监管系统同质化的纵向职能划分原则，造就了各层级监管部门集政策的制定权、执行权和监督权于一身。作为政策制定的重要内容，我国职业安全与健康方面比较重要的、专业性的法律法规和规章，按现行的立法体制和程序，一般情况下，都是由拥有立法权的层级政府的职业安全与健康监管部门先行起草初稿，然后交由政府或者立法机关按法定程序通过并付诸实施。在我国当前的国情下，法律法规和规章起草这个十分重要的决策过程，由于它的专业性和决策过程的不透明性，导致通常情况下不会遇到实质性的修改；即便遇到有重大修改意见出现的情况，主管部门也会通过各种公关手段左右有话语权的人士采纳自己的意见。因此，这个立法过程往往成为职业安全与健康监管部门自身利益的自由表达过程，而本部门同时又是行政执行的主体，所以行政执行的过程又是部门利益的实现过程。加之来自政府外部的监督（国家权力机关的监督、社会的监督等）相对弱化，政府内部的监督（上级部门和领导的监督以及同级政府行政监察部门的监督）又缺乏动力，这样，必然出现决策失范、执行失度、部门利益取代公共利益、从而导致公共利益严重受损①。西方政治思想家阿克顿勋爵的经典名言“权力有可能产生腐败，绝对的权力导致绝对的腐败”早已为世人所公认。行政权力在监管部门的高度集中，必然导致腐败现象的抬头、蔓延。这些年来我国职业安全与健康监管领域产生的大量腐败现象，例如2005年闹得沸沸扬扬的山西忻州煤监局向辖区煤矿“借钱”违规超标建房买车事件②，以及层出不穷的“官煤勾结”现象等，正是对这一论断的有力佐证。

---

① 参见付小随：《行政决策、执行和监督相互协调改革与地方行政管理体制创新》，载《广西社会科学》2004年第12期。

② 参见彭嘉陵：《山西忻州煤监局违规超标建房买车 中央立案调查》，http：//news. sohu. com/20070209/n248136252. shtml。

（二）约束有余、激励不足，监管人员逐步失去了监管的内在驱动力

当前我国公务员管理体制中普遍存在着“重约束、轻激励”的现象，在职业安全与健康监管系统这一弊端尤甚，甚至可以说是“约束绰绰有余，激励严重不足”，这一现象的持续存在，直接导致了各级职业安全与健康监管人员逐步失去了努力监管的内在驱动力，这一点不能不说是我国职业安全与健康监管绩效长期低下的重要原因之一。

当前，我国职业安全与健康监管系统存在着两种独特的现象：一是专职从事职业安全与健康监管的政府人员不愿意到工作场所开展监督监察工作。由于我国安全事故频繁发生，国际国内政治影响极坏，为增强各级监管人员的责任感，从中央到地方政府纷纷出台了一系列的安全事故责任追究规定，全国上下刮起一股又一股“问责风暴”。由于我国安全事故责任追究制度的责任追究原则主要是建立在“政府统治一切、管理一切”和“为官一任、保一方平安”的理念之上，在安全事故发生后，过多地从政治统治功能考虑，而忽略了事故的发生与监管之间是否存在必然的因果关系，也忽略了责任者应承担的责任大小与其对预防事故的发生所作的努力程度是否相当等基本的法理原则，加之我国现有的安全事故调查处理制度安排中，责任追究的最终确定是拥有事故调查处理权的上级政府，因此对事故责任者的认定尤其是对行政领导责任的认定往往是行政权起到了主导作用，所以在现阶段经常会出现一道独特的风景：一旦某一区域发生了重大、特大安全事故，这一区域的行政领导“哗哗”倒下一大片。同时对职业安全与健康监管人员应该履行的监管职责的规定过于笼统，导致绝大部分监管人员对自己应该履行的职责和怎样履行职责都不是十分明了。在这样一种严格追责的氛围之下，一些基层安监人员从心理上不愿到事故风险较高的工作场所检查，因为一旦发生事故，就可能追究事前曾到过该场所检查的人员为什么没有发现隐患，为什么没有采取措施？从而可能以“监管不力”追究他们的失职。而他们如果没去这个现场，似乎更可以理所当然查问为什么没去而追究他们的渎职责任；这样去

与不去或监管与不监管一个样，即使再努力工作，一旦出了重大、特大事故，还是要首先被审查和问责，这样就严重挫伤了监管人员监管的主动性和积极性。

二是新提拔的或排名靠后的政府副职分管职业安全与健康监管工作。这些年，在我国基本形成了一个约定俗成的模式，即在各级政府领导的内部分工中，鉴于职业安全与健康监管的高风险性和追责的严格性，一般情况下，均由新提拔或者排名靠后甚至是最后的政府副职来分管本区域内的职业安全与健康监管工作，而且鲜有党委常委来主管。众所周知，在我国现有的决策制度安排下，人事等重大事项的决定权主要集中在党委常委的手中，而且领导的排位越靠前意味着在决策上的话语权越重，排位越靠后，话语权越轻。这种政府领导内部分工约定俗成的制度安排，事实上形成了一种强烈的暗示，即让你分管职业安全与健康监管工作，不是什么激励，反而是一种惩罚，因为分管这一工作的领导在当今的中国随时就有被问责的风险，随时有被剥夺职位晋升资格的可能。

在“问责风暴”所形成的高压力、严处理而又缺乏激励机制的情况下，职业安全与健康监管人员的监管责任无限加大、成本也无限增加，但其收益却没有相应地增加，形成了成本—收益的严重不对称。监管人员无论工作如何辛苦，如何努力，不出事故没有足够表扬和及时提拔（收益），但一出事故，也不论你已经付出了多少艰辛和努力，通常都要被追究责任（成本），丧失继续晋升的资格。这种做法人为地造成了成本与收益严重不对称的现象，使职业安全与健康监管工作成为一个地地道道的高风险岗位，对领导干部如此，对基层监管人员尤甚。在这种情况下，政府监管人员为了其自身利益不受损害，或者为了降低其自身利益受损害的几率，难免就会按照政府中心主义的原则处理问题，不断采取高压政策，出现一旦某个区域发生事故，全区域的相关企业都停产整顿的现象，这会导致整个社会成本的提高，进而影响经济的运行、产生新的矛盾，出现通常所说的“政府失灵”问题。

第四章

现阶段我国职业安全与健康监管体制创新的制度变迁分析

按照诺斯对制度的理解，我国的职业安全与健康监管体制本身就是一种制度安排。按照戴维·菲尼的分类，制度被分为宪政秩序、制度安排和规范性行为准则。宪政秩序是界定社会产权和控制的基础性规则，是制定规则的规则；制度安排是在宪政秩序下界定交易关系的一系列正式规则；规范性行为准则则可以理解为植根于文化传统的非正式规则。本书第三章从职能定位及职能划分、组织结构设置、权力配置、行政运行机制等方面讨论了我国职业安全与健康监管体制主要存在的问题，本章将以戴维·菲尼总结的制度安排的需求与供给分析框架为理论工具，具体分析影响我国职业安全与健康监管体制变迁的制度需求和供给因素，以及制度变迁的动因、变迁的方式和变迁的过程。

第一节 我国职业安全与健康监管体制创新的制度需求因素分析

一、宪政秩序的变化

（一）新的执政理念的提出——以人为本的科学发展观

胡锦涛同志在党的十七大报告中提出了以人为本的科学发展观。以人为本，就是指以人为价值的核心和社会本位，把人的生存和发展作为最高的价值目标，一切为了人，一切服务于人。这正是当代中国的执政党统领所有工作的执政理念。体现在我国职业安全与健康的监管工作上，就是我们的监管工作要始终把保护人的生命权和健康权作为一切工作的出发点和落脚点。人的生命权和健康权是人最基本的权力，按照马斯洛需求层次理论，人的生命权和健康权属于安全需求层次，是仅次于第一需求层次一生理需求之后的第二层次需求，但二者同属于低层次的需求，这一需求得不到满足，其他层次的需求诸如社交需求、尊重需求和自我实现的需求根本就无法实现。换句话说，人的生命安全与健康得不到保护，人就谈不上其他需求层次的满足和人的发展。反之，如果我国职业安全与健康监管部门不能很好地保护我国职工的生命安全与健康，就与我国宪政秩序所确立的执政理念相背离。近些年来，我国职业安全与健康监管绩效一直不佳，人的生命权和健康权没有得到很好的保护。在新时期执政党提出以人为本的科学发展观执政理念的大背景下，所有一切能促进人的生命安全与健康保护的制度创新，包括我国职业安全与健康监管体制创新，都能得到执政党的支持和鼓励。

（二）新一轮行政管理体制改革开启——建设服务型政府成为目标

改革开放以来，经过多次改革，我国行政管理体制取得了很大进步，突出的体现就是：政府职能转变取得了积极进展，政府减少了对微观经济的干预，主要采用以间接管理为主的宏观调控管理方式，基本建立了社会主义市场经济体系，切实履行对市场的培育、规范和监管职能，越来越重视履行社会管理和公共服务职能。然而，面临着经济体制改革不断深入和全面建设小康社会的新形势，特别是面临着构建社会主义和谐社会的艰巨任务，我国的行政管理体制无疑要与新形势、新任务相适应。党的十七大对新一轮行政管理体制改革的目标和任务都作了明确部署，即“加快行政管理体制改革，建设服务型政府”，“着力转变职能、理顺关系、优化结构、提高效能”，从而形成“权责一致、分工合理、决策科学、执行顺畅、监督有力的行政管理体制”。当前，我国把深化行政管理体制改革的目标定为建设服务型政府。服务型政府的提出，是基于20世纪80年代末90年代初美国公共行政学家登哈特夫妇提出的“新公共服务”理论而衍生出的一种政府治理范式①。所谓“新公共服务”，是指公共行政在以公民为中心的治理系统中所扮演的角色的一套理念。在新公共服务理论家看来，公共行政官员在其管理公共组织和执行公共政策时应该集中于承担为公民服务和向公民放权的职责，他们的工作重点既不应该是为政府这艘船掌舵，也不应该是为其划桨，而应该是建立一些明显具有完善整合力和回应力的公共机构。公共行政官员不仅要分享权力，通过人民来工作，通过中介服务来解决公共问题，而且还必须将其在治理过程中的角色重新定位为负责任的参与者，而非企业家。由此可知，我国建设服务型政府目标的提出，不仅仅是对政府公共服务职能的简单放大，而是对政府执政理念、执政方式的转变提出新的要求。显然，新一轮行政管理体制改革的启动及服务型政府目标的提出，是我国职业安全与健康监管体制创新的新的制度环境，在这一制度环境下，涉及监管部门“转变职能、理顺关系、优化结构、提高效能”及加强公共服务供给方面的制度需求直接显现出来，需要制度创新的供给主体及时予以供给。

---

① 参见珍妮特·V. 登哈特、罗伯特·B. 登哈特：《新公共服务—服务，而不是掌舵》，丁煌译，中国人民大学出版社2004年版，第6～10页。

党的十七大报告还特别指出，要加强行政执法部门建设，减少政府对微观经济运行的干预，减少和规范行政审批，规范垂直管理部门和地方政府的关系；要加大机构整合力度，探索实行职能有机统一的“大部门”体制，健全部门间协调配合机制；要规范和精简各类议事协调机构及其办事机构，减少行政层次，降低行政成本，解决机构重叠、职责交叉、政出多门等问题。报告中所指出的我国行政管理体制中存在的问题，与本书第三章所分析的我国职业安全与健康监管体制存在的问题十分吻合，这说明执政党早已充分认识到了我国政府执法监管体制上存在的问题，并已经作出了制度创新的决定。我国职业安全与健康监管部门属于典型的行政执法部门，监管体制创新的需求已经从执政党的层面明确提出，正是执政党站在执政兴国的高度，推动着我国职业安全与健康监管体制的创新。

（三）分权化改革——各级地方政府制度创新和提供公共服务能力的增强

改革开放以前，我国曾进行过数次以中央政府权力下放为主要内容的行政权力结构调整，但基本没有走出“放”与“收”的循环。改革开放以来，这种情况发生了深刻的变化。邓小平同志多次指出要给地方、企业和社会放权，打破高度集权的行政管理体制，调动各方面的积极性，增强整个社会的活力。在这一思想指导下，下放权力，向地方、市场、社会分权，成为中国改革开放的重要内容。自1982年新宪法的修订和1986年地方组织法的修改之后，可以说开启了中央与地方关系的新局面，随后我国又进行了一系列的分权化改革，主要包括：一是经济管理权限的下放；二是财政体制的改革；三是干部人事制度的改革。随着这些改革的进行，我国原来高度集中的单一化中央与地方关系格局被打破，地方政府不再是一个被控客体和传达中央指令的中介，而成为一个具有相对独立职责的控制主体，并拥有越来越多决定和处理本行政区域内政治、经济和社会事务的自主权，地方政府的自主性明显增强。中央采取分权让利的办法赋予地方政府一定的自主权力，一方面使地方政府有更强的激励去努力发现各种潜在利益的机会，增强主动实施各项制度创新的能力。与中央政府相比，地方政府相对更直接更多地接触微观经济主体，能够及时了解微观领域自发产生的潜在利润、创新意图及其新制度的预期收益，具有使新的制度安排在没有获得全面的合法性之前先具有局部范围内的合法性的能力，避免新制度安排在没有取得效果之前就被扼杀在摇篮中。比如，中国的家庭联产承包责任制度、企业利润提成奖制度、劳动合同制度、股份合作制度等许多重大改革举措，往往是先来自地方政府的制度创新然后再推而广之。另一方面，地方资源配置能力的增强，也提高了地方政府管理社会事务和提供公共服务的能力。按照奥茨的“分散化定理”①，对于某种公共产品来说……让地方政府将一个帕累托有效的产出量提供给他们各自的选民，则总是要比中央政府向全体选民提供任何特定的并且一致的产出量有效得多。正如斯蒂格利茨认为的，地方政府与中央政府相比，更接近于自己的民众，因而对所管辖地区的居民的效用函数和公共产品的需求比较了解②。因此，在建设服务型政府的大的制度环境下，更应该增强地方政府管理社会事务和提供公共服务的能力。在分权化改革的浪潮下，各级地方政府对分权型的制度创新或增强地方政府自主权方面的制度创新有着很强烈的需求。这种需求通常会通过下级政府向上级政府不断施加影响来体现，但一旦这种强烈的需求得不到满足积累到一定程度，地方政府甚至不惜采取“对抗”来与中央政府博弈，我国在政策执行方面的“上有政策、下有对策”就是这种博弈的一种表现形式。

二、产品和要素价格的相对变化——人的生命经济价值的显著提升

作为万物之灵，人的生命有很多价值，除了经济价值还有社会价值、思想价值、感情价值等。但由于生产和经济活动决定着人类

---

① Oates. W. E, Fiscal Federalism, Harcourt Brace Jovanovich, 1972.

② 参见斯蒂格利茨：《政府为什么频繁干预经济》，中国社会科学出版社1998年版。

的生存和发展，影响着人类的其他一切活动，这就使得人的生命的经济价值成为人生命价值中最重要、最核心的价值①。人的生命经济价值究竟如何测量？对于这一问题，目前学界总体上研究不多，虽提出了一些理论模型和测量方法②、③、④，但大家并未形成一致的意见，没有一个特别能让人信服的计算方法。在我国，需要估算人的生命经济价值的主要领域就是在人发生安全事故死亡后究竟应该赔偿多少钱。这些年，因安全事故致人死亡后的赔偿金额呈不断攀升趋势。2001 年发生的广西南丹“7·17”透水事故因隐瞒不报而震惊全国，当时矿主为达到隐瞒的目的，把赔偿金数额由生死合同约定的每人 2 万元提高到 5 万元⑤。2004 年山西省政府硬性规定矿难死亡矿工赔偿标准不得低于 20 万元⑥。这之后的几年，这一数字几乎成了一个约定俗成的规定⑦。最近，国务院决定，从 2011 年 1 月 1 日起，将一次性工伤补助金标准调整为：按上一年度全国城镇居民人均可支配收入的 20 倍计算。以 2010 年为例，2009 年中国城镇居民人均可支配收入是 17300 元，按 20 倍计算，一次性伤亡补偿金是 34.6 万元。如果再加上丧葬补助金和供养亲属的抚恤金，安全事故中死亡的职工家属一次性获得的补偿，平均水平在

---

① 参见王亮：《生命的经济价值解析》，载《开放导报》2004 年 2 月第 2 期，第 111 页。

② See Fisher、Ann、Lauraine G. Chestnut and Daniel M. Violette：The Value of Reducing the Risks of Death ：A Note on New Evidence，Journal of Policy Analysis and Management 8，1998，1，pp. 88- 100.

③ 参见石磊：《人命几何——政策分析中如何确定生命的市场价值》，载《青年研究》2004 年第 4 期。

④ 参见陆玉梅：《人的生命经济价值的探讨》，载《常州技术师范学院学报》1998 年第 3 期。

⑤ 参见《广西南丹“7·17”特大透水事故调查报告》，http：//www.anhuisafety.gov.cn/main/model/newinfo/newinfo.do？infoId=2098。

⑥ 参见张恩：《山西规定矿难死亡矿工赔偿标准不得低于 20 万元》，http：//www.gxnews.com.cn/staticpages/20041216/newgx41c0f3f5-291881.shtml。

⑦ 参见《安监总局：煤矿事故基本死亡赔偿不低于 20 万》，http：//www.ce.cn/xwzx/gnsz/szyw/200802/01/t20080201_14439127.shtml。

50 至 60 万元之间。这将比目前约定俗成的“不低于 20 万元”的标准高出近三倍①。虽然人的生命经济价值并不一定等同于因安全死亡后的金钱赔偿数额，但从其节节攀升的势头中无疑可以体现出我国国民的生命经济价值也正在迅速提升。人的生命经济价值的提升，不仅体现了对人的生命权和健康权的尊重，而且增加了政府支付工伤保险赔付的成本和雇主违法的成本。按照制度变迁理论，相对价格的变动改变了人们之间的激励结构，同时也改变了相互之间的讨价还价能力。人的生命经济价值提高之后，一旦发生事故，无论是对政府还是企业雇主，赔偿生命损失的成本都相应地增加：参加了工伤保险的企业，政府的工伤保险支付成本增加；没参加工伤保险的企业，雇主自己赔付给死亡职工的金额也相应增加。因此，在人的生命经济价值提升后，为了节省成本，雇主一方就要不断加强对企业自身职业安全与健康的管理，以改进企业职业安全与健康管理绩效，争取不发生事故或少发生事故，此时企业职业安全与健康管理制度的创新需求出现，同时政府也有进行监管制度创新的需求，以改善监管绩效，节约支付成本。

三、技术的变化——安全防护装备和防护技术的进步

1988 年 9 月，邓小平同志根据当代科学技术发展的趋势和现状，提出了“科学技术是第一生产力”的论断。按照新制度经济学的观点，技术的变化也是诱致制度变迁的一个强有力的因素，因为技术的变化带来的收益是制度变迁需求产生的一个重要推动力。近些年来，我国职业安全与健康的防护装备和防护技术有了突飞猛进的发展，直接推动了我国职业安全与健康领域诸多制度创新需求的产生。本书以机械化作业对人工作业的替代为例来分析这一问题。通过采用新技术来实现机械化作业代替人工作业，最直接的收益就是雇主减少了对职工因生命安全与健康受损而导致的赔付成本

---

①　参见汪群均：《明年起安全事故中职工死亡补偿金不低于 34.6 万》，http://news.sina.com.cn/c/2010-07-20/195020720632.shtml。

支出和给职工的人力资源成本支出，虽然运用机械化作业代替人工作业也是要投入成本的，有时这种一次性成本的投入还相当大，但由于这种投入具有规模效应，从较长的时间来看，雇主所获得的收益是远远大于成本的，因此，雇主愿意投入资金进行技术革新。企业实施技术革新后，原来手工操作时期所制定的安全操作规程已经不能适应机械化操作的要求，新的能够适应机械化作业要求的安全操作规程的制度需求就会出现。企业作为制度供给的主体，必须适应这一新的制度需求，及时制定新的安全操作规程。

因为科学技术的变迁，使企业在组织职工进行生产的过程中，能够通过采用最新的安全防护装备和防护技术来减少对职工的生命安全与健康的损害，从而导致企业职业安全与健康管理的绩效得到提升，因公伤亡赔付的成本也由此降低，最终企业整体的经济效益（收益）提高。这一做法同时还带动其他企业也采用新技术、新装备，所有企业的绩效都将得到提高，整个社会的绩效也必然得到提高。一个足够聪明的政府职业安全与健康监管部门此时必然意识到一个问题，我们并未做太多工作，为什么社会整体的职业安全与健康监管绩效反而提高了呢？原来是因为企业采用了新的安全防护装备和防护技术，从而保障了职工的生命安全与健康免遭伤害。依此看来，要提高政府职业安全与健康监管效率，必须充分发挥企业的积极性和主动性，充分依赖先进的科学技术。此时，引导企业自觉主动参与到职业安全与健康治理（多中心治理制度安排）和引导企业使用先进安全防护装备和防护技术的制度需求（资助或补贴政策）得以出现。这个例子表明，科学技术的变化，也是直接诱导我国职业安全与健康监管体制创新的重要制度需求因素之一。

四、市场规模的扩大——多元利益主体格局的形成

我国从计划经济体制向社会主义市场经济体制的转型过程，从某种意义上，也就是多元利益主体格局形成的过程。所谓多元利益主体格局，是指个人利益独立化和多种利益主体（团体）并存格局的形成。过去的计划经济体制，其所有制结构以单一的公有制为

目标，片面强调“一大、二公、三纯”，实际上是一种片面追求社会一致利益的体制。企业是政府的附属物，被置于政府严格的计划控制之下，并不具有独立的经济人格；个人都是作为“集体的”或“社会的”人，参与有组织的活动，个人利益被淹没在群体利益或国家利益之中。因此，在计划经济体制下，我国职业安全与健康监管所涉及的利益主体主要是单一的国家、集体和个人，在三者利益发生冲突的情况，一贯的意识形态教育就是个人利益无条件服从集体利益、国家利益。市场经济体制则不同，它不仅承认个人利益的存在的合法性，而且把个人利益的实现视为社会利益实现的基础。随着改革开放和市场经济的逐步推进，我国经济成分出现了以公有制为主体、多种所有制经济（民营经济、私营经济、混合所有制经济等）并存的局面，各种形式的社会群体组织应运而生，社会阶层也发生了分化，出现了民营企业的创业和就业人员、受聘于外资企业的管理人员、个体户、私营企业主、中介组织从业人员、自由职业者等新的社会阶层。不同阶层的人的利益具有明显的差异性，这些都促成了我国利益主体多元化格局的形成。在市场经济体制下的我国职业安全与健康监管所牵涉的利益主体也出现了明显的分化：中央政府与地方政府已经分化为两个相对独立的利益主体；上级地方政府与下级地方政府也是两个不同的利益主体；企业的雇主与雇员分化为两个完全利益相左的群体；政府与企业之间、企业与安全中介服务组织之间都是利益不同的主体。这种多元利益主体格局的形成，必然会导致各种利益主体之间的利益矛盾和冲突，增加公共利益的协调难度。我国职业安全与健康监管制度的创新也正是在各种不同利益主体的博弈之下而出现的新的制度变迁需求。另一方面，相对于单一的利益主体，市场规模得到了极大的扩大。按照制度变迁理论的观点，市场规模一旦扩大，我国职业安全与健康监管制度创新的固定成本即可以通过很多次的交易、而不是相对很少的几笔交易收回，这样，固定成本就不再成为制度安排创新的一个障碍了，即便是障碍，也是一个很小的障碍。同时，随着市场规模的扩大，也使得一些职业安全与健康监管制度的运行成本大大降低。因此，我国职业安全与健康领域多元利益格局的形成及各利益主体之间的博弈，直接推动了我国职业安全与健康监管体制的创新。

总之，执政党以人为本的科学发展观执政理念的提出、新一轮行政体制改革中建设服务型政府目标的确立、分权化改革导致的地方政府制度创新能力和公共服务能力的增强、人的生命经济价值的提高、安全防护装备和防护技术的进步，以及多元利益主体格局的形成等，使得我国现有的职业安全与健康监管体制出现了制度非均衡，这些制度需求因素的出现，呼唤着我国职业安全与健康监管体制的创新。

第二节　我国职业安全与健康监管体制创新的制度供给因素分析

我国职业安全与健康监管体制创新的制度供给，是指作为监管制度供给主体的政府在监管体制变迁收益大于成本的情况下，设计和推动监管体制变迁的活动，它取决于政府提供新制度（对某种制度的需求发生变化时作出的反应）的意愿和能力。按照戴维·菲尼总结的制度安排需求与供给分析框架理论，影响制度安排的供给因素主要是八个方面：一是宪政秩序；二是现行制度安排；三是制度设计的成本；四是知识的积累和社会科学知识的进步；五是实施制度变迁的预期成本；六是规范性的行为准则或文化因素；七是公众的态度；八是决策者的预期收益。在我国当前的制度环境和文化环境这两个背景变量之下，应该说每一个影响因素既能促进制度的供给，也能阻碍制度的供给，区别只是促进或阻碍的作用力大小各不相同，有的对促进制度供给作用力大，有的对阻碍制度供给作用力大。本书将按每一个影响因素所起的主要作用力的不同，将其分类为制度供给促进因素和制度供给阻碍因素两大方面来进行深入分析。

一、我国职业安全与健康监管体制创新的制度供给促进因素分析

（一）宪政秩序

作为制定规则的规则，宪政秩序自然而然地影响着制度的供给。当前我国的宪政秩序对职业安全与健康监管体制创新的制度供给影响主要表现为促进作用，具体体现在两个方面：（1）执政党在当前我国全面建设小康社会的关键时期，审时度势地提出了以人为本的科学发展观执政理念和深化行政管理体制改革、建设服务型政府的目标，因此所有符合这一执政理念和行政体制改革精神的制度供给都是受到鼓励和支持的，我国职业安全与健康监管体制创新的制度安排如果按照这一执政理念和改革精神来设计，新的制度安排进入政治体系获得合法性的成本必然相对较低；（2）我国是中央集权的单一制国家，中央政府一直具有较高的行政权威。相对于实行联邦制的分权国家来说，我国中央政府作为职业安全与健康监管体制创新的制度供给主体，在面临已经出现的监管制度变迁需求时，可以利用自己的行政权威优势，在较短的时间内以较低的成本带来正式规则的创新。我国宪政秩序在这一点上的比较优势，往往成为制度供给的一个非常重要的促进因素。

（二）上层决策者的预期收益——中央政府预期的政治收益足够大

当上层决策者试图启动制度创新以满足各个利益主体（集团）的利益冲突时，其自身的制度创新预期收益对这一过程起着极为关键的作用。只有在上层决策者预期从制度变迁中获得的收益超过了变迁所需调动的各类资源所耗费的成本时，新的制度供给才会被提供出来。我国职业安全与健康监管体制创新的制度供给也受上层决策者——中央政府对制度创新预期收益的影响。中央政府作为一个抽象的主体，它的行动需要诸多的政治企业家的努力来实现。既然是政治企业家，无疑这里也存在着成本与收益的比较问题，只有当政治企业家通过职业安全与健康监管体制变迁所获取的收益超过为此所付出的成本时，监管体制创新的制度供给才会

有保障，即政治企业家从职业安全与健康监管体制创新过程中所得到的预期净收益直接决定了他们对新体制供给的意愿大小。但鉴于上层决策者——中央政府的预期收益目标与一般制度变迁的主体（如社会团体和个人）不同，在中央政府或中央政府的政治企业家的效用函数中，除了考虑经济因素，一些政治因素（如统治的合法性、政治支持度、利益集团的压力等）也是他们考虑的重点，甚至还占有相当大的比重。在某些时候，基于政治因素的考虑，比如统治的稳固程度，甚至可以忽略经济上的成本，因为在统治者的眼中，统治的稳固程度就是最大的预期收益。因此说，在我国职业安全与健康监管体制创新的过程中，只要上层决策者——中央政府在制度变迁过程中获得的预期政治收益足够大，那么经济上的净收益往往成了一个次要的，甚至可以忽略的因素。由于我国是典型的中央集权制的国家，只要中央政府认为我国职业安全与健康监管体制创新的预期政治收益足够大，就一定能促进监管体制变迁的制度供给。

（三）现有知识积累和社会科学的进步

正如自然科学知识的积累会通过降低技术变迁的成本而使技术变迁的供给曲线右移一样，社会科学知识的积累同样会通过降低制度变迁的成本而使制度变迁的供给曲线右移。我国职业安全与健康监管体制创新的制度选择集合同样受相关的自然科学尤其是社会科学知识存量的影响，例如世界上其他国家和地区已经实施的行之有效的职业安全与健康监管体制，或者我国及他国在其他领域的体制改革经验，都将扩大我国职业安全与健康监管体制创新的制度选择集合。借用别国或其他领域的成功经验，还可以减少我国制度创新过程中制度方案的设计成本，促进制度的供给。反之，即便中央政府有意推动监管体制的变迁，也会由于理论知识的存量不足，以及不知如何进行制度方案设计和实施新制度而无法进行。

这些年随着我国职业安全与健康形势的日益严峻，关于安全科学技术理论及管理理论的研究也日益活跃，一些专业的高等院校、科研院所将目光投向了这一领域，加快了我国职业安全与健康保护科学技术知识及管理知识的积累。本书搜集并统计了我国 1990—2009 年以安全生产为题发表在中国学术文献网络出版总库的文章数（见图 4-2-1)，来说明近些年我国在这一领域理论研究成果的不断增长。这些理论成果和实践经验的积累，以及其他国家或其他领域理论的引进，不仅扩大了我国职业安全与健康监管体制创新的制度选择集，而且增强了制度变迁主体制度方案的设计能力和制度供给能力。

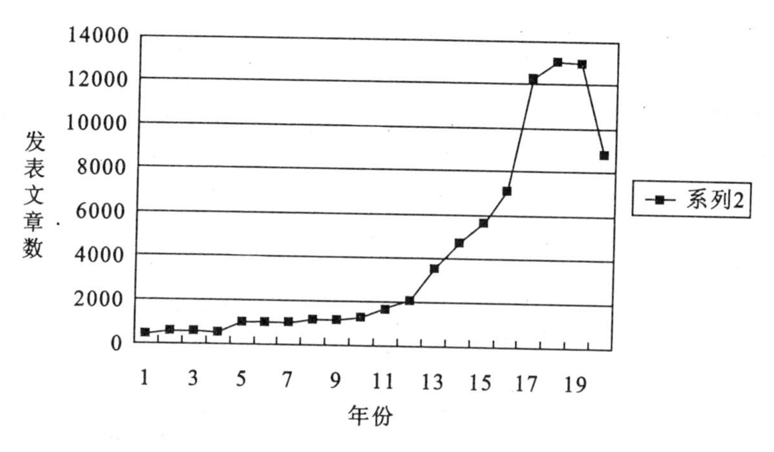

图 4-2-1　我国 1990—2009 年以安全生产为题发表在中国学术文献网络出版总库的文章变化趋势图

（四）公众的态度——对我国严峻职业安全及健康形势的厌恶

公众的态度对制度变迁的影响主要是指公众是支持制度变迁还是反对制度变迁。如果一项新的制度能得到大多数公众的支持，显然这项制度实施的预期成本就低，制度变迁的主体也就更有意愿来供给。我国职业安全与健康监管体制创新能否得到公众的支持，也非常重要，因为只有受到公众支持的制度创新，才能顺利实施，效果才好。这就要求创新后的我国职业安全与健康监管体制真正能起到改善我国职业安全与健康监管绩效的作用，能切实保障广大人员的生命安全与健康。在当前我国各类安全事故此起彼伏、各种舆论媒体对事故的报道也铺天盖地的情况下，公众的安全感极低，大多数公众对这种严峻的职业安全及健康形势极端厌恶。从大多数公众的主观愿望来讲，一定是支持政府推动我国现有的职业安全与健康监管体制变迁来改善当前我国职业安全与健康监管绩效的。因此，制度变迁的主体应花大力气做好制度的设计和供给工作，以切实满足大多数公众对我国职业安全与健康监管体制创新的良好预期。

二、我国职业安全与健康监管体制创新的制度供给阻碍因素分析

（一）现行的制度安排具有很强的路径依赖效应

"路径依赖"效应是制度变迁理论的一个相当重要的观点，它的意思是说在制度变迁过程中，初始的制度安排或现有的制度安排会影响新的制度安排的选择和供给。任何社会的制度变迁其实都是在原有的制度基础上采用一种新的制度，无论是正式的制度变迁还是非正式的制度变迁，莫不如此。正如诺斯所说："人们过去所作出的选择决定了他们现在可能的选择。"我国学者汪洪涛指出："发生制度变迁的原因是：如果采用一种新的制度，可能会使经济主体的经济收益得到提高。但是，制度变迁并不是想要推动就能实施并生效的，因为制度生效需要一系列的内部与外部条件的支持，这种支持既可能是技术型的，也可能是经济型的；同时，又因为经济主体的多元化事实及其各自不同的利益取向和价值偏好，以及旧制度下所造就的稳定型的分配格局与权力格局会影响到人们对未来的制度安排的潜在选择……"① 因此，现行的制度安排的路径依赖效应无疑是阻碍新制度供给的一个重要因素。

我国职业安全与健康监管体制的创新也受到我国现有制度安排的影响，这些现有制度既包括我国已经建立起来的政治制度、经济

---

① 汪洪涛：《制度经济学：制度及制度变迁性质解释》，复旦大学出版社2009年版，第67页。

制度、法律制度、行政管理制度、干部人事制度等国家宏观层面制度，也包括我国职业安全与健康监管领域现有的且正在运行的制度。例如，我国单一制的国家结构形式和中央集权的政治制度直接影响了我国职业安全与健康监管体制变迁新的权力配置制度的供给。由于"单一制国家的所有权力都归中央享有，区域政府的任何权力都是中央政府的授权……因此，单一制下，只有'授权'问题，而没有'分权'问题"。① 区域政府能够获得多大的"授权"完全取决于中央政府的考虑。由于我国中央政府与地方政府之间并没有规范的权力配置法律制度，因此从总体上来看，中央政府与地方政府的权力配置比较随意，体现为中央政府集中的权力多一点、下放给地方政府的权力少一点。我国现有职业安全与健康监管权力中的行政许可权的配置就明显体现出受我国整体权力配置制度影响的特征。（本书第三章第三节已有论述）。又例如，我国现有职业安全与健康监管行政许可权力配置制度的存在，导致滋生了一批与之共存共荣的利益集团。比如××省安全生产监督管理局基于《危险化学品安全生产许可证》的审批事宜，专门委托了若干家中介机构负责全省范围内所有需要申办《危险化学品安全生产许可证》的企业的安全评价工作，这些中介机构与××省安全生产监督管理局就是共存共荣的利益集团，因此，新的行政许可权力配置制度的推出一定会遭受整个利益集团的压力和阻碍。再例如，我国职业安全与健康监管体制中部门立法和部门执法的制度以及监管部门集政策决策权、执行权、监督权于一身的权力配置制度安排，为部门利益合法化和官员职位产权收益最大化提供了机会，在制度变迁过程中要革除因这些不合理的制度安排而产生的不合理利益，这些监管部门或既得利益集团首先要站出来反对或阻挠；还例如，我国现行的干部管理体制中的委任制以及绩效考核过分强调绝

① 参见王振民：《中央与特别行政区关系——一种法治结构的解析》，清华大学出版社 2002 年版，第 134 页。

对死亡人数下降的制度安排①，直接诱使我国职业安全与健康监管领域的官员对上负责、对下不负责，以及喜欢在数字上作表面文章的不良倾向。我国职业安全与健康监管领域长期存在的监管型制度供给过剩、服务型制度供给不足的局面也与现行的干部人事管理和绩效考核制度有着直接的关系。不对现有的干部人事制度及绩效考核制度进行创新，新的职业安全与健康监管体制创新必将受到阻碍。

（二）监管新体制制度设计的成本

制度设计的成本是阻碍制度变迁过程中新制度供给的一个重要因素，但并非不能克服的因素。我国职业安全与健康监管新体制的设计成本，不仅取决于用于新体制设计的人力资源成本和其他投入资源（例如调研所需的各种费用）的要素价格，而且这一成本还与要解决的监管体制方面的问题的大小、复杂程度、人力资源的经验丰富程度及多方协调的交易成本有关。我国目前的职业安全与健康监管体制从总体上来看应该说存在的问题比较多（见本书第三章第三节），问题也比较复杂，因为某些方面的问题牵涉到国家整体层面的行政管理体制和干部人事管理制度问题，是牵一发而动全身的问题，而且目前我国职业安全与健康监管涉及的部门较多，新制度设计过程中的协调成本也高，因此，可以预计，我国职业安全与健康监管新体制的设计成本相对较高。但这种高的制度设计成本能否成为最终阻碍监管体制创新的关键因素，笔者认为这完全取决于制度变迁主体通过对体制创新过程中整体收益和成本的衡量结果及提供新体制供给的意愿和能力。

---

① 国家安全监管总局从 2003 年实施了“安全事故死亡人数绝对指标控制体系”的绩效考核政策，即在各省、自治区、直辖市及新疆建设兵团上一年度各类安全事故死亡绝对人数的基础上按照总体下降的原则定出一定下降比率，给各省、自治区、直辖市及新疆建设兵团下达下一年度考核控制指标——本年度允许死亡人数的最大值。各省、自治区、直辖市及新疆建设兵团也按照这一模式将指标分解到基层，并层层签订责任状。在这样一种绝对死亡人数控制指标绩效考核模式下，基层政府和单位出现瞒报、故意漏报、想方设法不报，已成为一个不争的事实。

（三）实施监管新体制的预期成本

制度从潜在的安排转变为现实的安排，到真正发挥制度的功效，关键看制度实施上的预期成本的大小。如果新制度的预期成本很高，以至于无法实施，制度的变迁必然失败。为了提高制度变迁成功的几率，科学的制度设计及较低的预期实施成本非常重要。可以说新制度设计越科学，预期的实施成本越低，制度变迁成功的几率越大。我国创新后的职业安全与健康监管新体制的实施涉及各级职业安全与健康监管部门和监管人员，也涉及企业和职工。创新后的新体制能否得到较好的实施，或者说尽量减少实施的预期成本，关键就要看创新后的监管体制能否充分满足各利益主体的利益预期，因为制度的创新过程本身就是一个各利益主体进行博弈和利益再分配的过程。因此，要想增加我国职业安全与健康监管体制创新成功的几率，制度变迁的主体在进行制度设计的时候就必须充分考虑我国各利益主体尤其是各级地方政府、基层职业安全与健康监管部门和监管人员的合法利益（分析详见本章我国职业安全与健康监管新体制实施过程的博弈分析）。

（四）规范性的行为准则或文化因素的影响——落后的行政理念和行政文化

影响制度变迁的另一个主要的制度环境因素是规范性的行为准则或文化因素，也即通常我们所称的意识形态。诺斯认为①，“社会价值的改变……即意识形态的变更……是制度变革的主要因素，没有意识形态理论，新制度经济学将是不全面的。”诺斯、拉坦等新制度经济学家也反复强调制度安排应与意识形态领域的规范性行为准则或文化准则相容，否则，就会使一些制度安排难以推行或者使制度变迁的成本大大提高。影响我国职业安全与健康监管体制创新的意识形态因素主要是部分传统的行政文化（例如集权文化、

① 转引自思拉恩·埃格特森：《新制度经济学》，商务印书馆 1996 年版，第 69 页。

官本位文化、形式主义文化等）以及由行政文化而衍生的行政理念。在我国传统的集权型行政文化视野里，政府包办成为思维和行为的定势，认为政府之外的社会力量是不存在也不可靠的。这种集权型行政文化在当代造成了行政体系的过度集权化，导致了政府行政职能定位的全能化，使得政府“越位”、“缺位”与“错位”现象普遍；同时中国传统的官本位文化也在现行行政体制内残存下来，于是在我国的行政管理中出现了家长制、长官意志、官念为本、官级为准的现象，这种官本位文化不仅严重制约了行政管理人员的道德人格塑造，而且辐射到社会各个领域，导致整个社会存在一种持久的权力崇拜意识；中国传统行政文化中的形式主义色彩也非常明显，例如决策过程中的“走程序”，执行过程中的“表面文章”，反馈过程中的“浮夸”现象等，这种文化遗传至今，严重影响了行政管理的实际效益。有学者一针见血地指出，“中国行政文化的重集权轻分权、重人治轻法治、重守成轻开拓、重形式轻实效，都是阻碍和困扰中国官僚制运转和发展的文化根源，也是造成中国官僚制诸多弊端的重要原因”。① 上述这些行政文化反映在我国职业安全与健康监管领域，主要表现为“政府中心主义”、“全能政府”、“重监管、轻服务”等落后的行政理念。要想让这些意识形态的因素成为我国职业安全与健康监管体制创新过程中阻碍作用较小的因素，制度变迁的主体就必须加强对政府行政人员的意识形态教育和培训，用先进的行政文化观念和行政理念来教化行政人员，以求推动非正式规则（意识形态因素）的变迁。但对于非正式规则来说，只有当整个社会的大多数人放弃了原来的规范性行为准则或文化准则时，制度变迁才会发生。由此看来，加强对我国职业安全与健康监管部门行政文化和行政理念的培训是当前一项十分重要和艰巨的任务。

---

① 宋雪峰：《理性官僚制在中国行政文化中的运行分析——一种行政生态学的角度》，载《中共杭州市委党校学报》2009 年第 2 期，第 90 页。

第三节　我国职业安全与健康监管体制创新的动力机制

本书在上一节主要分析了我国职业安全与健康监管体制创新的制度需求和制度供给的影响因素。我国职业安全与健康监管体制的创新过程实际上就是当制度安排需求因素出现后，制度变迁主体是否有意愿和能力组织提供新制度安排的供给并实施新制度安排的过程。制度变迁主体提供制度供给的意愿和能力就成为制度变迁的关键。本书下面重点分析我国职业安全与健康监管体制创新的动力机制。

一、我国职业安全与健康监管体制创新的主体和方式

从制度变迁理论的角度来看，体制改革实际上是一个打破旧体制建立新体制的制度创新过程。按照我国经济学家林毅夫的分类，把制度变迁区分为由个人或群体自发发起的诱致性制度变迁和政府发起的强制性制度变迁，显然，我国职业安全与健康监管体制创新是由中央政府发起的强制性制度变迁。

（一）制度变迁的主体

如前所述，我国职业安全与健康监管体制创新的主体是中央政府。为什么我国职业安全与健康监管体制创新的主体是中央政府，而不是我国现在国家层面的任何一个职业安全与健康监管部门或中编办等其他机构？首先，这是由中央政府本身所具有的职权所决定的。按照我国《宪法》的规定，中央政府是最高国家权力机关的执行机关，是最高国家行政机关。主要行使下列职权：一是根据宪法和法律，规定行政措施，制定行政法规，发布决定和命令；二是向全国人民代表大会或者全国人民代表大会常务委员会提出议案；三是规定各部和各委员会的任务和职责，统一领导各部和各委员会的工作，并且领导不属于各部和各委员会的全国性的行政工作；四是统一领导全国地方各级国家行政机关的工作，规定中央和省、自治区、直辖市的国家行政机关的职权的具体划分……由此可知，中

央政府拥有我国最高的行政决策权和执行权，在我国职业安全与健康监管体制变迁的过程中，中央政府有推动制度变迁、组织制度方案设计、确认新制度的合法性及组织实施新制度的最终权力。虽然我国现有的职业安全与健康监管部门或者是中央编制委员会办公室也有权参与制度方案的设计，但依据我国现行的决策机制，这些部门都不具有最终确认新制度并实施新制度的权力。其次，按照制度变迁理论路径依赖原理，在现行我国职业安全与健康监管体制下，已经形成了一些与各级职业安全与健康监管部门共存共荣的利益集团，他们从个人效用最大化考虑往往是阻碍新制度的供给的，因而，我国职业安全与健康监管体制创新的主体也不可能是国家层面任何一个职业安全与健康监管部门。最后，我国职业安全与健康监管体制创新的方式决定了创新的主体只能是中央政府（详细论述见如下制度变迁的方式）。

（二）制度变迁的方式

中国改革开放 30 年制度变迁的经验表明，政府主导的强制性制度变迁是制度创新的主要形式。我国历次进行的行政管理体制改革都无一例外属于强制性制度变迁方式。我国职业安全与健康监管体制创新，也属于我国行政管理体制改革中的一种，其变迁方式也是属于强制性制度变迁。在人类历史上，自从国家产生以来，在一国范围内正式规则的供给都是由国家权力中心——政府或者统治者这一主体提供的，因为正式规则的供给本身就是国家的基本功能之一，政府或统治者必须制定一套正式规则来减少统治国家的交易费用。正式规则的这一特点决定了其主要变迁方式为强制性制度变迁。我国职业安全与健康监管体制变迁的方式之所以是强制性制度变迁，也是因为制度变迁的主体——中央政府，与其他主体相比具有暴力（军队、警察、法院、监狱等暴力工具）和权力（行政权力、立法权力、执法权力等）方面的比较优势，中央政府可以通过这种优势克服制度变迁过程中的外部效果和“搭便车”问题，从而降低制度变迁的成本；中央政府还可以通过使用强制力带来规模经济效应，在面临已经出现的制度变迁需求时，能够在较短的时间内以较低的成本带来正式规则的变迁以及组织实施正式规则。

二、我国职业安全与健康监管体制创新的动因

政府为什么要改革旧制度供给新制度呢？按照新制度经济学制度变迁的观点，政府作为改革的推动者，也是一种“理性经济人”，它也要通过成本—收益计算来作出能最大化自身利益的理性选择。只有在制度需求方坚决抵制旧制度的运行而呼唤新制度的出台，抑或旧制度的实施成本过大或者制度绩效太差难以为继，改革的推动者真正意识到危机已迫在眉睫时，制度变迁才会被提上改革推动者的议事日程，旧的制度均衡状态才会被打破。政治企业家们具有了这种危机意识后，并不一定马上就推动制度变迁，作为“理性的经济人”，他们仍然要权衡新制度预期收益与预期成本的关系，只有在确定新制度的预期收益大于预期成本时，制度的供给者才有动力去进行制度创新以供给新制度，否则就不会出现新制度的供给。总结起来讲就是危机意识推动体制改革，利益预期驱动制度创新。我国职业安全与健康监管体制创新的动力正是这两种因素同时发挥作用的结果。

（一）危机意识

本书认为中央政府领导层的危机意识主要来自如下两方面：（1）执政的合法性危机意识。在韦伯看来，“合法性就是人们对享有权威的人们的地位的承认和对其命令的服从”①。社会公众之所以会信任某种统治并依其命令行事，可能是出于传统、情感、某种价值信念或是对某些成文规定的认可②。统治的合法性能够降低被统治者的服从成本，使统治者发布的法令能够得到被统治者的遵从，如果大多数公民都确信权威的合法性，法律就能比较容易和有

---

① 马克斯·韦伯：《经济与社会》，商务印书馆1998年版，第239页。

② 参见郑戈主编：《韦伯：法律与价值》，上海人民出版社2001年版，第67页。

效地实施，而且为实施法律所需的人力和物力耗费也将减少①。合法性对于政治统治的极端重要性使得统治者都致力于寻求、发掘和维护本国的合法性资源，以维护统治的正当性，减少统治的摩擦和冲突成本。改革开放以后，经济发展、人民生活水平提高等政绩表现成为赢得民众支持等统治合法性的主要手段，党和国家统治的合法性基础也从革命的合法性向经济发展的合法性转变，经济发展成为这一时期国家的基本特征。能否推动经济发展，能否适应经济体制改革的需要，能否始终"实现好、维护好、发展好最广大人民群众的根本利益"成为执政者首要考虑的问题。我国当前严峻的职业安全与健康形势不仅给人民生命和财产安全造成了巨大损失，而且招致了国际国内尖锐的批评。"在每年的国际劳工组织大会上常有批评中国职业安全与健康状况的发言，工伤事故与职业病问题也是世界人权大会和其他一些国际组织攻击中国'忽视人权'的借口之一。几乎每次中国发生特重大事故，美国之音、BBC等国外媒体都大肆渲染事件的严重和影响。"② 这种强大的国际和国内舆论压力，让中央政府决策层时刻感到人民的生命安全与健康保护问题，是可能危及执政合法性和统治稳固程度的一个重要问题。(2) 外来政治体制的示范效应所带来的压力。对外开放的国策和全球经济一体化使中国的政治体制面临着外来体制示范效应的强大压力，中国的领导层、知识精英和普通民众也都能感受到了这种示范效应的压力。随着我国经济体制改革的日渐深入，广大民众也日益认识到旧的政治体制中"权力过分集中"是一切问题的根源，因此，政治体制改革的呼声也日益高涨。所有这些都对中央决策层形成了沉重压力，政治危机意识也愈发强烈。由于行政体制改革是政治改革中最能促进经济体制改革和经济发展而又不危及政治稳定

---

① 参见加布里埃尔·A. 阿尔蒙德等：《比较政治学：体系、过程和政策》，上海译文出版社1987年版，第36页。

② 刘铁民：《安全生产对国家经济社会发展具有重大影响》，载《劳动保护科学技术》1999年第5期，第29页。

和政治领导权的改革，所以我国在十七大后又悄然启动了新一轮的行政体制改革。中央决策层推动的一轮又一轮的行政体制改革不仅是对政治体制改革的试水，更是这种危机意识的集中反映。

（二）利益预期

在我国职业安全与健康监管体制创新的过程中，上层决策者——中央政府处于一种控制地位，它们对制度变迁的推动和供给影响极大。从总体上来看，只有中央政府对职业安全与健康监管体制创新的预期收益大于所投入的制度变迁的成本时，才能积极推动制度安排的变迁。中央政府的预期收益主要包括两个方面：政治利益和经济利益。政治利益主要是指统治的合法性、政治的支持度、利益集团的压力等。经济利益主要是指监管体制的创新带来职业安全与健康监管绩效提高后，人力资源得到很好的保护从而导致人民创造的社会财富总量的增加和政府工伤赔付成本的减少。在这两种预期收益中，政治利益往往起着决定性的作用。因为我国职业安全与健康监管体制变迁的主体是中央政府。中央政府主导的制度变迁的成本—收益计算比一般经济活动所涉及的成本—收益计算更加复杂。在中央政府（国家）的效用函数中除了考虑经济利益，政治利益往往占有更大的比重。鉴于我国目前低效率的职业安全与健康监管绩效，国际国内公众与媒体对我国政府施加的舆论压力极大，甚至还有国外一些组织和媒体利用安全事故频发、人员死伤严重的事实为借口来指责中国的人权状况。由于人的生命权和健康权得不到较好的保护，这迫使中央政府不得不时刻从统治的合法性、政治的支持度和统治的稳固程度等方面来考虑问题。尽管这些政治因素难以计量，但这些不可计量的收益和成本在中央政府的心中却能被估算出来。在当前我国职业安全与健康监管绩效不佳的情况下，政治利益成为中央政府重点考量的因素。中央政府也正是通过这种对政治利益的“估算”再与经济利益的比较后认为，我国职业安全与健康监管新体制的预期收益肯定大于所投入的一切成本，因而才有着强烈推动制度变迁的意愿。从1998年以来我国连续多次进行的职业安全与健康监管体制改革便是明证。2009年由中央编办在深圳市部署的新一轮“大部制”改革中，又对职业安全与健康监管体制进行了变革①，这无疑又是一次新的对我国职业安全与健康监管体制创新的探索。

三、我国职业安全与健康监管体制创新的过程分析

（一）我国职业安全与健康监管体制创新的过程

基于本章对于我国职业安全与健康监管体制创新制度需求影响因素、制度供给影响因素、制度变迁的主体、方式及动因分析，按照诺斯制度变迁一般理论模型的脉络，笔者可以将我国职业安全与健康监管体制创新的过程大致描述如下：在以人为本的科学发展观的执政理念下，在我国新一轮行政管理体制改革启动和建设服务型政府的宪政秩序下，在举国上下改革发展的意识形态环境下，人的生命经济价值的不断提升、安全防护装备和防护技术的进步、多元利益主体格局的形成，使得我国职业安全与健康监管体制创新的制度需求因素出现。中央政府作为我国职业安全和健康监管体制变迁的初级行动团体，经过政治利益和经济利益两方面的衡量，敏锐地认识到只要他们能改变现有的职业安全与健康监管体制，就能获得现实的政治和经济收益。由于中央政府拥有足够的行政权威和合法性的支持，他们采取了强制性制度变迁的方式，希望在尽量短的时间内以尽量小的成本，迅速提供新的职业安全与健康监管体制供给，并组织国家职业安全与健康监管部门和各级地方政府监管部门（次级行动团体）实施新的职业安全与健康监管体制，从而实现监

---

① 为进一步强化和落实责任，使行业管理和安全生产紧密结合，促进行业政策标准制定与安全生产监督执行形成合力，在2009年进行的大部制改革中，深圳市将安全生产监督管理局的工矿商贸企业及危险化学品安全生产监管等职能划入相关行业主管部门，将安全管理委员会办公室的安全生产综合职能划入应急管理办公室，应急管理办公室挂安全管理委员会办公室和安全生产监督管理局的牌子后，安全生产监管形成应急办综合协调，各行业主管单位各司其职的新格局。

以上详见：深圳市政府机构改革启动将精简1/3部门．http：//news. sina. com. cn/c/2009-08-01/040518341205. shtml。

管体制的创新，达到外部利润内在化的最终目的。经过上述过程，我国职业安全与健康监管体制的制度安排达到均衡，一个制度变迁的周期就完成了。但由于受制度需求和制度供给因素变化的影响，我国职业安全与健康体制又会出现非均衡，为此又要进行制度创新，一个新的制度变迁周期又会开始，因此，我国职业安全与健康监管体制创新过程是一个从制度非均衡到均衡再到非均衡周而复始的过程。

（二）我国职业安全与健康监管新体制实施过程的博弈分析

成功的制度创新需要具有什么样的条件？或者说，创新后的制度安排是否具有持久的生命力取决于什么条件呢？按照新制度经济学的观点，成功的制度创新必须具有两个条件：一是实现各方报酬递增，即让受制度变迁影响的各方均能从新的制度安排中受益，实现多赢或共赢的博弈局面，或者至少能满足卡尔多标准，使利益受损者获得足够的补偿，以便减少改革的阻力。二是实现制度实施成本的递减，即使新制度的实施成本效益优于旧的制度安排。只有这样，新的制度安排才能获得有关各方的认可和支持，制度创新也才能持续下去和推广开来。

虽然我国职业安全与健康监管工作涉及中央政府、各级地方政府、各级政府职业安全与健康监管部门、企业雇主、雇员、中介机构等众多利益主体，但从中央政府以强制性制度变迁的方式推动监管体制创新的角度来说，所涉及的利益主体主要是各级地方政府及各级政府职业安全与健康监管部门。由于同级政府的职业安全与健康监管部门是代表同级政府履行监管权力和行使职责的，二者在利益上是一致的。因此，中央政府在推进我国职业安全与健康监管体制创新过程中要重点考虑的就是各级地方政府的利益以及新制度实施成本的递减。

中央集权的国家性质及单一制的国家结构性质，使得我国的制度变迁方式主要采取由中央政府直接推动的强制性制度变迁方式。中央政府是改革的直接推动者，地方政府是实际的执行者。在当前我国整体的制度环境下，中央政府与地方政府成为相互独立的经济主体，各自的利益与偏好不同，地方政府有时候出于最大化自身利益的要求，可能会违背中央政府的政策而出现“上有政策，下有对策”的现象。我国职业安全与健康监管领域频频出现的“地方保护主义”① 便与此有着直接的关系。由于地方政府在实施制度创新过程中的变通行为，中央政府实施新制度的成本就要增加，中央政府与地方政府在监管体制创新的过程中就会形成一种博弈关系。在中央政府主导的强制性制度变迁中，我们可以将导致中央政府与地方政府产生这种博弈的原因归结为两个方面：一是中央政府直接推动的强制性制度变迁实际上违背了“一致性同意”的经济原则。每一项制度创新都不可能在不减少任何当事人的个人福利的条件下使社会福利最大化，一部分人利益的增加，就是以另一部分人的利益损失为代价的，而受损者必定会为了维护自身利益出来反对、阻止新制度的创立。我国幅员辽阔、发展极不平衡，各地区的资源状况各不相同，利益也不一致。在旧的职业安全与健康监管体制下，各地之间基本都形成了固有的利益格局，新的监管体制的建立必将打破这种固有利益格局，重新进行利益和财富的分配。这样，一些地区可能会受益，另外一些地区必定受损，受损一方肯定会千方百计阻挠新的监管体制的实施。二是任何一项新制度的实施都是有成本的。在我国的制度创新过程中，中央政府一般把新制度安排的实施成本交给地方，而地方作为“理性经济人”也会从收益—成本的角度对新制度安排作出部分调整，以最大化地方的利益。由此可见，地方政府作为中央政策的实施者，其利益不可能与中央完全一致。即便中央政府会采取各种激励和约束制度，试图监视地方政府的行为，并向他们反复灌输诚实、尽职、无私的意识形态，但地方政府不可能被中央政府完全控制住，其自利行为也不可能被完全消除掉。因此，中央政府与地方政府之间的关系不仅仅是行政上的上下级关系，领导与被领导的关系，更是经济上的不同利益主题关系，大家都有自己的效用函数，中央政府不能单纯地把地方政府简

---

① 周慧：《我国安监体制五问题》，http：//news. qq. com/a/20060717/000405. htm。

单地看成是命令的执行者，更应把地方政府当做经济利益上的博弈对手。

有学者在分析强制性制度变迁中中央与地方的博弈关系时指出，中央政府应在制定政策、制度时，充分考虑地方政府的反应，与地方政府进行重复博弈，诱使地方政府选择有利于中央政府的行为方式，只有这样中央政府主导的强制性制度变迁才能顺利、彻底地实施。笔者也深为赞同这一结论，它同样揭示出：中央政府在实施我国职业安全与健康监管体制创新的过程中，要充分重视地方政府的合法利益，要在制度方案设计阶段就考虑地方政府的合法利益，并与地方重复博弈，以求地方政府对监管体制创新的认同，减小新体制的实施成本，增加制度变迁成功的几率。这一结论无疑应该成为我国职业安全与健康监管体制创新过程中制度方案设计的一个重要指导原则。

第五章

我国职业安全与健康监管新体制的基本构想

本书在上一章运用制度安排的需求和供给分析框架作为分析工具，对我国职业安全与健康监管体制创新的制度需求和制度供给影响因素进行了充分的理论分析，尤其是对制度供给的促进因素和阻碍因素一一进行了剖析。本章将以此为理论基础，从组织结构设置、职能定位及职能划分、权力配置、行政运行机制四个方面对创新后的我国职业安全与健康监管新体制进行基本的构想和设计。

第一节　我国职业安全与健康监管新体制的组织结构设置

一个完整的政府组织结构体系是政府实现各项职能的保障。从横向看，政府是由同一层级的多个部门所组成；从纵向看，政府也是由多层级的政府组织所组成。政府组织结构设置作为政府组织体系的基本要素，是决定政府运行是否有效的首要前提。换言之，优化政府组织体系的横向和纵向结构，是转换政府职能和提高政府权力运行效率的客观基础。

在当前，我国职业安全与健康监管部门组织结构设置远没有达到合理、科学、高效的要求，机构设置过多过细，机构重叠、职能交叉、协调困难的情况十分普遍，多头管理、政出多门现象十分突出，因此，必须重构我国职业安全与健康监管部门组织结构设置。其基本设计思路如下：

一、横向单独设立各级职业安全与健康监管部门

由于我国现阶段的职业安全与健康监管体制仍留有计划经济时期的痕迹，监管部门的设置更多的是按照方便生产的目的来设置的，政府各层级负有职业安全与健康监管职能的部门较多。新的职业安全与健康监管部门的横向设置应以政府职能转变为核心，按照全面、精干、统一、效能的原则，改变目前适应计划经济体制的“小部制”体制，横向整合、归并各层级政府职业安全与健康监管部门的监管职责，单独设立各层级职业安全与健康监管部门，使职业安全与健康监管部门向“宽职能、少机构”的方向发展。

（一）中央政府层面

中央政府层面设立国家职业安全与健康监管总局，撤销现有的国家安全生产监督管理总局和国家煤矿安全监察局，将国家安全生产监督管理总局承担的职业安全与健康监管服务职能划入新设立的国家职业安全与健康监管总局，将国家安全生产监督管理总局承担的公共安全综合管理职能（道路交通安全、消防安全、公共场所安全）交由公安部履行；将国家煤矿安全监察局的职责并入新成立的国家职业安全与健康监管总局；将工业和信息化部、交通运输部、住房和城乡建设部、铁道部、人力资源和社会保障部、国家质量监督检验总局、水利部等部门负有的行业职业安全监管和服务职能及卫生部承担的职业健康监管职能整合、归并进入国家职业安全与健康监管总局。由国家职业安全与健康监管总局统一履行全国职业安全与健康监管和服务职能。

（二）地方政府层面

省（自治区、直辖市、新疆生产建设兵团）设立××省（自治区、市）职业安全与健康监管局，将省级政府相关部门履行的职业安全与健康监管职能统一整合、归并到新成立的××省（自治区、市）职业安全与健康监管局，由新成立的××省（自治区、市）职业安全与健康监管局履行本省（自治区、直辖市、新疆生产建设兵团）辖区范围内职业安全与健康的监管和服务职能。

地级或副省级市（州、盟）设立××市（州、盟）职业安全与健康监管分局，受省级职业安全与健康监管局委托，在本辖区范围内履行职业安全与健康的监管和服务职能。

县（市辖区、自治县、旗）设立××县（市辖区、自治县、旗）职业安全与健康监管办公室，受省级职业安全与健康监管局委托，在本辖区范围内履行职业安全与健康的监管和服务职能。

乡（民族乡、镇、街道）一级根据辖区实际经济和社会发展情况，由县级职业安全与健康监管办公室决定并委托履行特定职业安全与健康的监管和服务职能。

二、纵向分级实施双重领导体制和垂直领导体制

当前我国职业安全与健康监管部门组织结构的纵向设置中存在着双重领导体制和垂直领导体制从上至下交错混杂的情况，这种设置模式直接导致了诸如机构膨胀、部门林立、相互扯皮、效率低下等所谓的“政府病”的产生①。创新后的职业安全与健康监管部门的组织领导体制，在纵向上省级职业安全与健康监管部门实行双重领导体制，省级以下职业安全与健康监管部门由省级职业安全与健康监管部门垂直领导的体制。省级职业安全与健康监管局业务上由国家职业安全与健康监管总局领导，人财物等行政管理接受同级政府领导；地市（副省）级职业安全与健康监察分局及县级职业安

---

① 参见丁煌：《政策执行阻滞机制及其防治对策——一项基于行为和制度的分析》，人民出版社2002年版，第193页。

全与健康监管办公室属于省级职业安全与健康监管局的派出机构，业务上及行政上均接受省级职业安全与健康监管局的垂直领导。我国职业安全与健康监管部门组织结构设置图，见图 5-1-1。

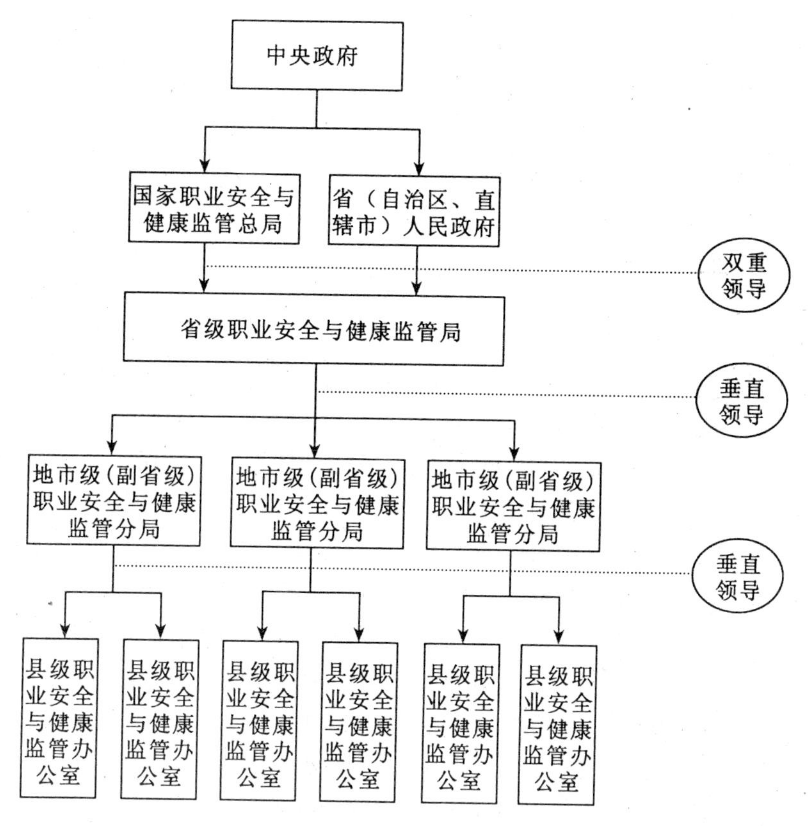

图 5-1-1　我国职业安全与健康监管部门组织结构设置图

（一）省级职业安全与健康监管局实行双重领导体制的理由

一个国家的职业安全与健康状况，受多种社会经济因素的影响。依据世界银行关于经济发展水平的划分标准，有关机构通过对 27 个国家、14 项经济社会发展指标的综合分析发现，职业安全与健康状况不仅与经济社会发展水平和产业结构相关，而且还与国家监管体制、国家法制、社会福利制度、教育普及程度、科技投入水平、安全文化等因素密切相关①。一般来说，职业安全与健康状况与经济社会发展水平的关系，呈非对称抛物线函数关系，按照这种函数关系，大致可将一国的职业安全与健康发展状况划分为5个阶段：一是前工业化阶段和工业化初级阶段，安全事故总体较少，职业安全与健康状况的主要指标随工业化进程的发展快速上升；二是工业化中级阶段，安全事故多发，指标快速上升，逐渐达到高峰；三是工业化高级阶段，事故趋于稳定，处于波动期；四是后工业化时代，死亡人数迅速下降；五是知识经济时代，由于事故造成的死亡人数已经很少，而职业病等造成作业人员健康伤害等因素将引起人们的高度关注。研究者们通过研究发现：当一个国家的人均GDP在5000美元以下时，经济处于高速发展期，这时很难避免工业事故和伤亡人数的增加和大范围波动；当人均GDP达到1万美元左右时，安全事故出现稳定下降的趋势，且波动幅度很小；只有当人均GDP达到或超过2万美元左右时，安全事故才能得到较好的控制，特大事故发生的概率也会降低，伤亡人数出现明显下降的趋势，基本不出现反复和波动，如图5-1-2。据此研究结论推断，我国目前正处于安全事故的“易发”期，但这种“易发”并不等于我们就可以无所作为，事实上由于采取的监管政策不同，世界各国的安全事故“易发”阶段所处的经济发展区间及经历的时间跨度也大不相同。美国、英国处于人均1000～3000美元之间，时间跨度分别为60年（1900—1960年）和70年（1880—1950年）；战后新兴的工业化国家日本的“易发期”处于1000～6000美元之间，时间跨度也缩短为26年（1948—1974年）②。

我国是一个经济社会发展水平极不平衡的国家，各省（自治区、直辖市）的经济社会发展状况差异较大，以人均GDP为例，2009年我国经济发达省市的人均GDP是经济欠发达省市的3～7

---

① 参见奚隽：《我国安全生产监督管理工作面临的挑战和对策研究》，华东师范大学MPA学位论文，2009年10月，指导教师：张祖国。

② 参见李毅中：《坚持依法治安重典治乱，落实两个责任制》，http：//news.163.com/07/0214/13/37A1AEDC000120GU.html。

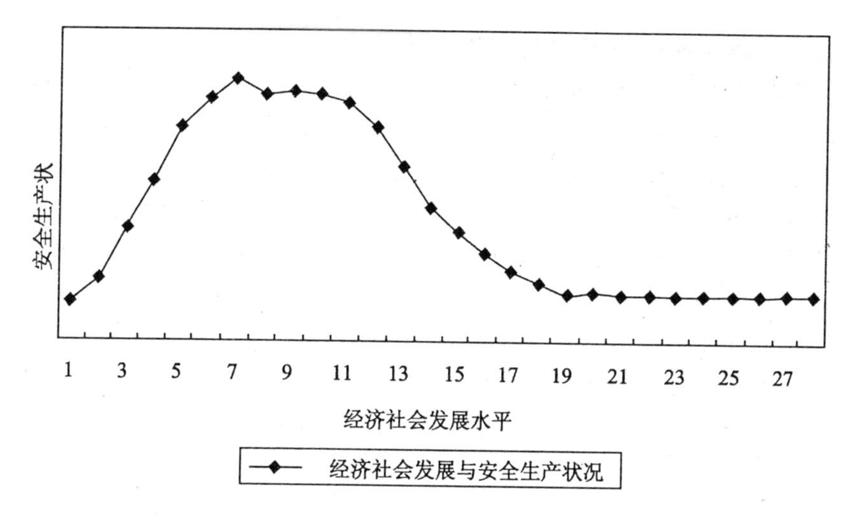

图 5-1-2　职业安全与健康状况与经济社会发展水平关系的变化轨迹

倍；经济欠发达省市的亿元 GDP 生产安全事故死亡率是经济发达省市的 4～6 倍。上海市、北京市的人均 GDP 已经超过 1 万美元，其亿元 GDP 生产安全事故死亡率仅为0.1，明显好于其他省市，见表 5-1-1。

表 5-1-1　**2009 年我国部分省市人均 GDP 及亿元 GDP 生产安全事故死亡率统计表**

经济发达省市	人均GDP（人民币）	人均GDP（美元）	亿元 GDP 生产安全事故死亡率	经济欠发达省市	人均GDP（人民币）	人均GDP（美元）	亿元 GDP 生产安全事故死亡率
上海	77315	11320	0.10	宁夏	21475	3144	0.44
北京	68788	10070	0.10	新疆	19926	2917	0.60
江苏	44232	6475	0.17	云南	13539	1983	0.40
广东	40748	5966	0.19	甘肃	12852	1882	0.52
山东	35796	5241	0.15	贵州	10258	1502	0.56

（上表所有数据均来自国家统计局网站统计公报栏目，http：//www.stats.gov.cn/tjgb/）

由此可知，基于我国各省（自治区、直辖市）经济和社会的发展水平不同，注定其职业安全与健康状况所处的发展阶段不同，例如上海和北京目前就处在稳定下降且波动较小的阶段，而甘肃、贵州、新疆等则还处在快速上升阶段。显然，处于不同发展阶段的各省（自治区、直辖市）不可能采用完全一致的职业安全与健康监管政策。从中央政府层面考虑，必须给予各省（自治区、直辖市）一定的政策制定的灵活性，以适应各省（自治区、直辖市）职业安全与健康的实际状况。因此，各省级职业安全与健康监管局应实行双重领导体制为宜。

（二）省级以下实行由省级职业安全与健康监管部门垂直领导体制的理由

在我国职业安全与健康监管领域出现的严重的“地方保护主义”正是省级以下职业安全与健康监管部门领导体制宜采用垂直领导体制的主要原因。我国职业安全与健康监管领域的“地方保护主义”主要体现为两种形式：一是地方政府基于自身利益的考虑，或明或暗地支持违反国家职业安全与健康法律法规的企业继续组织生产；二是地方政府官员充当违规企业的“保护伞”。现阶段我国职业安全与健康监管领域层出不穷的腐败现象正是这种地方保护主义的典型反映。2005 年 12 月 23 日，原国家安全生产监督管理总局局长李毅中在国务院新闻办公室举行的发布会上专门点明了两起腐败官员充当保护伞的案例：一起是当年 7 月 2 日山西省宁武县贾家堡煤矿发生的特别重大瓦斯煤尘爆炸事故，死亡 36 人。宁武县煤炭工业局局长与矿山救护队负责人共同策划，并得到宁武县委副书记和副县长的纵容，谎报事故死亡 19 人，瞒报 17 人，并将这 17 具尸体转移到内蒙古境内。另一起是广东省兴宁市大兴煤矿 8 月 7 日透水事故，该公司董事长、副董事长的身份竟是国家现职的公职人员，一些执法部门、管理部门为其非法行为大开绿灯，官商勾结，权钱交易，腐败问题十分严重。

当前我国地方政府尤其是基层地方政府出现的“地方保护主义”有其必然性。以“权力下放”为标志的行政和经济分权，不仅给中国经济体制改革和经济发展创造了一系列基本条件，而且改变了中央完全统治地方和地方向中央负责一切的传统模式，地方政府从此具有了独立的行为目标和行为动机，他们不再仅仅是一个追求预算规模最大化的纵向依赖的行政组织，也是一个具有独立经济目标的经济组织。而我国一些职业安全与健康监管政策（例如2006年3月国家安全监管总局等十一部委颁布的2007年末淘汰年生产能力3万吨以下的小煤矿）的实施，从短时间来看，往往与地方经济的发展存在着抵触和矛盾，加之目前我国职业安全与健康监管政策的执行主要依赖于地方政府，因此地方政府或明或暗地抵制上级的监管政策和支持企业的违规生产也就有其自身的合理性。

正如本书第三章第三节所分析的，在我国职业安全与健康监管系统存在“约束绰绰有余、激励严重不足”的弊端，导致监管人员逐步失去了监管的内在驱动力，这种现象在基层地方政府表现尤其明显。由于基层职业安全与健康监管人员本身所处政府层级低，单位本身的行政级别低（例如县级职业安全与健康监管部门的最高职位级别也就是正科级），作为公务人员最为重要的激励手段的职位晋升激励由于受原有体制（行政级别）的限制而逐渐失去了对基层监管人员的吸引力（因为即使再努力，受职位少的限制也是很难达到这一职级的）。在此背景之下，难免就有相当部分监管人员将追求自身私利的最大化作为唯一的行为动机来实施职业安全与健康监管工作，这也正是我国职业安全与健康监管领域腐败频发的体制根源。

因此，我国职业安全与健康监管部门在纵向设置上宜采用省以下职业安全与健康监管部门由省级职业安全与健康监管局垂直领导的体制，一方面可以斩断地方（副省级、地市级、县级）职业安全与健康监管部门对地方政府的行政依存关系，从体制上消除地方政府因经济发展压力而对职业安全与健康监管工作的掣肘，保持职业安全与健康监管执法工作的独立性；另一方面，打开了地方职业安全与健康监管部门公务人员的职位晋升空间，由省垂直领导的职业安全与健康监管系统，为基层监管人员在本系统内的合理流动和职位晋升提供了体制上的保障，增强了职位晋升激励的力度。

第二节　我国职业安全与健康监管新体制的职能定位及职能划分

政府职能在通常意义上讲是指政府在管理政治、经济、文化和社会事务时所具有的各种职责和功能，它是指“政府行政机关在组织管理国家和社会公共事务过程中所具有的职责和发挥功能作用的总和”①。或者说，“政府职能是指政府行为的方向和基本任务”②。根据前面的分析，笔者认为，创新后的我国职业安全与健康监管部门的职能应定位于两个方面：一是监管职能；二是服务职能。二者缺一不可，不可偏废。

一、政府履行职业安全与健康监管职能的必要性分析

政府为什么必须对职业安全和健康进行有效监管？制度经济学认为，由于职业安全与健康问题具有负内部性，可能导致市场失灵，因此政府对职业安全与健康必须进行有效监管。按照制度经济学的解释，所谓内部性是指由交易者所承受、但没有在交易条款中正式说明的交易成本和收益。内部性通常分为正内部性与负内部性。经济学中通常把在交易中一方获得的合约中没有规定的、交易者必须或应该得到的额外收益，称为正内部性；与此同理，把在交易中一方受到的意外损失或伤害、以及承担的预期外的成本，称为负内部性。这种成本、损失或伤害，没有在合约中规定，例如，在企业生产过程中，劳资双方要签订劳动合同，详细规定劳资双方的权利和义务，但合同中往往对安全事故所造成的人身伤害、财产损失以及增加的成本却没有明确的规定。因此职业安全与健康具有经济学上的负内部性特征，这就要求政府作为第三方来加强监管。导致职业安全与健康负内部性存在的原因主要有：

---

① 郑传坤：《现代行政学》，重庆大学出版社 1997 年版，第 28 页。

② 施雪华：《政府职能论》，浙江人民出版社 1998 年版，第 179 页。

（一）信息不对称和机会主义行为的存在

企业的雇主与雇员之间是一种委托—代理关系，而雇主与雇员之间的信息分布是不对称的，雇主拥有较多的信息，雇员只有较少的信息。在生产经营中不安全的因素会不断出现，令人防不胜防，但雇员由于受多方面因素的局限并不能及时获得相关信息。这样雇主在与雇员签订劳动合约的时候基于成本的考虑，故意隐瞒一些不符合安全与健康要求的生产条件，故意不明确雇员在工作中受到伤害后的赔偿等问题，出现明显的机会主义行为。制度经济学的观点认为，政府作为监管方，可以通过制定公正的抑制机会主义行为的规则并使其得到有效的执行，可以大大降低交易的成本，从而促进交易的达成。

（二）道德风险和逆向选择问题

道德风险一般指“从事经济活动的人在最大限度地增进自身效用的同时做出不利于他人的行动”或者“当签约一方不完全承担风险后果所采取的自身效用最大化的自私行为”。例如，由于企业参加了政府强制性的工伤保险，在生产过程中发生安全事故后的赔偿由政府工伤保险基金支付，于是企业基于成本已经转移给政府及进一步减少职业安全与健康管理投入成本两方面的考虑，反而可能放松对企业职业安全与健康的管理。这种行为就是我国职业安全与健康领域可能普遍存在的道德风险行为。

逆向选择是指在现实经济生活中，存在着和常规不一致的现象。本来按常规，降低商品的价格，该商品的需求量就会增加；提高商品的价格，该商品的供给量就会增加。但是，由于信息的不完全性和机会主义行为，有时候，降低商品的价格，消费者也不会作出增加购买的选择；提高价格，生产者也不会增加供给的现象。这种情况在制度经济学中就称为逆向选择。我国职业安全与健康监管领域同样存在逆向选择①。在市场经济条件下，企业是经济活动的

---

① 参见郑雪峰、丁煌：《风险社会语境下我国安全生产网络状治理模式初探》，载《湖北行政学院学报》2010 年第 2 期，第 61 页。

组织者和实施者，也是政府职业安全与健康监管部门的监管对象。由于信息的不对称性，政府监管部门很难完全了解企业真实的职业安全与健康水平，或者获取这样完全信息的成本过高，监管部门就会以企业的平均水平作为标准去要求所有企业，因此那些安全水平高于标准的企业出于市场竞争的需要可能会降低安全水平；那些低于标准的企业由于安全投入的压力，导致竞争力降低而不得不退出市场，或者是选择不投入而甘冒安全事故风险，从而使所有企业的平均职业安全与健康水平呈降低态势。企业平均水平的降低通过安全事故的不断发生和整个社会更为严峻的职业安全与健康形势表现出来，这种压力又促使政府监管部门采取更为严厉的监管措施，进而可能导致恶性循环，最终会使企业的整体职业安全与健康水平持续降低，直接导致职业安全与健康的风险越积越大，并最终导致恶性重特大安全事故频发。

正是因为信息的不对称和机会主义行为的存在，导致职业安全与健康领域存在道德风险和逆向选择的问题，因此要求政府部门必须加强监管。职业安全与健康具有负内部性的特征，正是政府必须依法全面履行监管职能的理论依据。

二、政府履行职业安全与健康服务职能的必要性分析

随着市场经济体制改革的继续进行，我国政府正在从经济发展型政府向公共服务型政府转变。党的十七大提出了建设服务型政府的目标。服务型政府的构建，要求现代政府能提供充足的、优质的公共产品与公共服务，能满足社会的各种公共需求。服务型政府的全面构建，决定了政府职能履行的核心内容是提供公共产品与公共服务。服务型政府模式，应该是由政府来构建一种满足公众需求的公共服务的供给体系，由政府、市场或社会来有效地满足人民群众日益扩大的物质文化和精神文化需求。根据马斯洛的需求层次理论，人类对职业安全与健康的需求是仅次于人类的一般生理需要，更确切地说是出于人类本能的需要，属于较低的层次。人们在获得必备的生存条件后，首先要去做的是如何使这种可以生存的条件得以维持下去，以维持更长久的生存状态。因此，从这种意义上说，

政府加强对职业安全与健康的监管，切实改善监管绩效，同样也是为广大群众提供基本的公共服务。近年来，我国职业安全与健康形势依然严峻，广大群众的生命安全与健康保护不到位的问题已经上升为一个政治问题，甚至影响到我国和谐社会的构建。因此，我国职业安全与健康监管部门应该从为微观经济主体提供职业安全与健康公共产品和公共服务的角度，全面转变行政理念和行政方式，切实推动职业安全与健康监管体制的创新，以改善监管绩效，真正成为人民满意的政府。

三、我国职业安全与健康监管新体制的职能定位及职能划分

我国职业安全与健康监管部门的主要职能就是保护职工在工作场所的生命安全与健康。通过以上分析，本书认为，我国职业安全与健康监管部门职能转变的基本思路是：从“重监管、轻服务”向“监管和服务并重”转变。具体职能划分如下：

（一）监管职能

制定职业安全与健康监管的法律、法规、规章、标准和政策；对违反上述法律、法规、规章和标准的行为进行监督监察和行政执法；对发生危害职工生命安全与健康的事故进行调查处理；设立微观经济主体（包括企业、中介组织、从业人员）在职业安全与健康领域的市场准入标准并监督实施。

针对我国现阶段职业安全与健康监管部门履行职能的实际情况，在以上监管职能中，重点要加强我国职业安全与健康标准的制定、修订以及职工职业健康的监管工作①。

（二）服务职能

分析预测职业安全与健康形势，发布职业安全与健康各方面信息；组织提供职业安全与健康知识宣教产品、防护用品及防护技能

① 鉴于本书的研究范围和篇幅所限，具体理由不详述，参见夏新：《比较视野下的我国安全生产政府管制研究》，河南大学研究生硕士学位论文，2007 年 5 月，第 40 页。

训练服务；组织提供职业安全与健康知识咨询、企业职业安全与健康管理绩效提升服务；组织提供职业安全与健康伤害事故应急救援服务；组织提供以先进科学技术提升企业职业安全与健康管理绩效等方面的服务。

以上这些服务职能，均是现阶段我国职业安全与健康监管部门履职比较薄弱的部分，在新的职业安全与健康监管体制下，必须予以加强。

（三）职能划分

我国各层级的职业安全与健康监管部门的具体职能划分详见表5-2-1。

表5-2-1 我国职业安全与健康监管部门纵向职能划分和权力配置明细表

职业安全与健康监管部门名称	职能配置		权力配置	权力配置说明
	监管职能	服务职能		
国家职业安全与健康监管总局	1. 履行起草、制定全国职业安全与健康监管的法律、法规、规章、标准和政策职能； 2. 履行对全国范围内的特大安全事故的调查处理职能； 3. 履行对全国各省（自治区、直辖市、新疆建设兵团）职业安全与健康监管局业务指导和考核奖惩职能。	1. 分析预测全国职业安全与健康形势，发布职业安全与健康政策和事故信息； 2. 组织提供特大安全事故应急救援服务； 3. 组织开展职业安全与健康国际交流与合作。 4. 指导全国职业安全与健康监管部门监管职能和服务职能的履行工作。	1. 全国范围的立法和政策制定权； 2. 特大安全事故的调查处理权； 3. 对省级职业安全与健康监管部门的业务指导和考核奖惩权。	主要配置全国职业安全与健康监管政策的决策权和执行政策情况的监督权。

续表

职业安全与健康监管部门名称	职能配置		权力配置	权力配置说明
	监管职能	服务职能		
××省（自治区、市）职业安全与健康监管局	1. 履行对本辖区范围内的职业安全与健康立法起草和政策制定职能； 2. 履行对本辖区范围内的市级职业安全与健康监管分局的综合管理和考核奖惩职能； 3. 履行对本辖区范围内的重大安全事故的调查处理职能。	1. 分析预测本辖区范围内职业安全与健康形势，发布职业安全与健康政策和事故信息； 2. 组织提供重大安全事故应急救援服务； 3. 指导本辖区范围内职业安全与健康监管部门监管职能和服务职能的履行工作。	1. 本辖区范围的立法和政策制定权； 2. 对本辖区范围内职业安全与健康监管部门的人财物分配权及考核奖惩权； 3. 对本辖区重大安全事故的调查处理权。	主要配置本省（自治区、直辖市）范围职业安全与健康监管政策的决策权和执行政策情况的监督权。
××市（州、盟）职业安全与健康监管分局	1. 履行对本辖区范围内的职业安全与健康立法起草和政策制定职能；（立法职能仅限于拥有地方立法权的市）； 2. 履行对本辖区范围内的县级职业安全与健康监管办公室的业务指导、培训和监督职能； 3. 履行对本辖区范围内一般安全事故和重大安全事故进行调查处理的职能。	1. 分析预测本辖区范围内职业安全与健康形势，发布职业安全与健康政策和事故信息； 2. 组织提供以先进科学技术提升企业职业安全与健康管理绩效等方面的服务。 3. 组织提供较大安全事故应急救援服务； 4. 指导本辖区范围内县级职业安全与健康监管部门监管职能和服务职能的履行工作。	1. 本辖区范围的立法和政策制定权（立法权仅限于拥有地方立法权的市）； 2. 对县级职业安全与健康监管部门的业务指导和监督权； 3. 对本辖区范围内一般和较大安全事故的调查处理权。	主要配置本地区范围内一定的职业安全与健康监管政策的决策权和执行政策情况的监督权。

续表

职业安全与健康监管部门名称	职能配置		权力配置	权力配置说明
	监管职能	服务职能		
××县（自治县、旗）职业安全与健康监管办公室	1. 履行对本辖区范围内微观经济主体各种违反职业安全与健康监管法律、法规、规章和标准的行为进行监督监察和行政执法的职能； 2. 按照国家、省及较大市有关职业安全与健康监管法律、法规、规章、标准及政策，履行对各类微观经济主体的市场准入行政审批工作。	1. 分析预测本辖区范围内职业安全与健康形势，发布职业安全与健康政策和事故信息； 2. 组织提供职业安全与健康知识宣教产品、防护用品及防护技能训练服务； 3. 组织提供一般安全事故应急救援服务； 4. 组织提供职业安全与健康知识咨询、企业职业安全与健康管理绩效提升服务。	1. 对本辖区范围内微观经济主体的监督监察权和行政执法权； 2. 对本辖区范围内微观经济主体的行政许可权。	1. 主要配置辖区范围内的行政执法权和行政许可权； 2. 提升了县级职业安全与健康监管部门提供公共服务的能力。
乡（民族乡、镇、街道）一级	由县级职业安全与健康监管办公室决定并委托履行特定职业安全与健康监管和服务职能。		由县级职业安全与健康监管办公室决定并授权行使部分行政执法和行政许可初审权。	

第三节　我国职业安全与健康监管新体制的权力配置

一个国家的权力配置结构分为横向权力配置结构和纵向权力配置结构。我国的职业安全与健康监管新体制在横向的机构设置上实行大部制，仅设置一个专门的职业安全与健康监管部门来负责各层级政府辖区范围内的职业安全与健康监管工作，因此，其权力配置结构主要是指纵向权力配置结构，即职业安全与健康监管权力在不同层级政府职业安全与健康监管部门之间的配置。

一、我国职业安全与健康监管新体制的权力状况

按照建设服务型政府的总体要求，我国职业安全与健康监管新体制的权力配置原则是：权力下移，权责对等，决策权、执行权和监督权适度分离，事权与人权、财权相配套。

基于以上原则，我国职业安全与健康监管新体制的纵向权力配置根据现行的政府层级设置可分为五个层次，具体见表5-2-1：

国家职业安全与健康监管总局主要配置：（1）全国范围的立法和政策制定权；（2）特大安全事故的调查处理权；（3）对省级职业安全与健康监管部门的业务指导和考核奖惩权。

省（自治区、市）级职业安全与健康监管局主要配置：（1）本辖区范围的立法和政策制定权；（2）对本辖区范围内职业安全与健康监管部门的人财物分配权及考核奖惩权；（3）对本辖区重大安全事故的调查处理权。

市（州、盟）级职业安全与健康监管分局主要配置：（1）本辖区范围的立法和政策制定权（立法权仅限于拥有地方立法权的市）；（2）对县级职业安全与健康监管部门的业务指导和监督权；（3）对本辖区范围内一般和较大安全事故的调查处理权。

县（自治县、旗）级职业安全与健康监管办公室主要配置：（1）对本辖区范围内微观经济主体的监督监察权和行政执法权；（2）对本辖区范围内微观经济主体的行政许可权。

乡（民族乡、镇、街道）一级监管权力的配置：由县级职业

安全与健康监管办公室决定并授权行使部分行政执法和行政许可初审权。

二、我国职业安全与健康监管新体制的权力配置特点

（一）不同层级职业安全与健康监管部门配置不同行政权力

不同层级的职业安全与健康监管部门配置不同的行政权力是新的职业安全与健康监管体制中最为显著的特点之一。例如，鉴于基本的职能划分，国家职业安全与健康监管总局主要配置了全国职业安全与健康监管的立法和政策制定权、特大安全事故的调查处理权及对省级职业安全与健康监管部门的业务指导和考核奖惩权，剥离了原先拥有的全国范围内的行政执法权和行政许可权。省级职业安全与健康监管局主要配置了本省（自治区、直辖市）范围内职业安全与健康监管的立法和政策制定权、重大安全事故的调查处理权及对本辖区范围内职业安全与健康监管部门的人财物分配权及考核奖惩权，同样剥离了原先拥有的本省范围内的行政执法权和行政许可权。市级（副省级）职业安全与健康监管分局则主要配置一定的立法和政策制定权、对县级职业安全与健康监管部门的业务指导和监督权，以及对一般安全事故和较大安全事故的调查处理权。县级职业安全与健康监管办公室则主要配置本辖区范围内的行政执法权和行政许可权。不同层级政府权力配置的不同，意味着不同层级政府履行职能的不同。这种根据不同层级政府职业安全与健康监管部门履行职能和承担责任的不同合理配置行政权力的做法，较好地解决了我国不同层级职业安全与健康监管部门长期以来存在的职权同质化问题。

（二）行政执法权和行政许可权下移，以提高基层政府公共服务能力

将行政执法权和行政许可权直接配置到基层的县级职业安全与健康监管办公室，是新的职业安全与健康监管体制的又一显著特点。行政执法权和行政许可权是我国职业安全与健康监管权力中最为核心的两种权力，因为这两种权力的行使一方面可以体现出执法者的权威，另一方面这两种权力的不当行使往往能给权力行使的主

体带来经济利益。正因为权力和利益是一对孪生兄弟，在我国现有的职业安全与健康监管体制下，追逐更大的行政权力（获得更高的经济利益）和承担最小的行政责任成为各层级职业安全与健康监管部门的理性选择。但由于立法和政策制定权主要配置在中央一级及次中央一级政府职业安全与健康监管部门，因此基层（地市级、县级）职业安全与健康监管部门在这两种权力配置的角逐上总是处于劣势地位。这也正是我国职业安全与健康监管系统长期存在的权责严重不对等的制度根源。在新的职业安全与健康监管体制中，中央政府从建设服务型政府的高度出发，直接将这两种权力配置到县级职业安全与健康监管办公室，不仅有利于调动基层监管部门的积极性，更为重要的是由于县级职业安全与健康监管办公室更接近于微观经济主体，能为微观经济主体提供更方便、快捷、优质、高效的公共服务。又如学者所指出的，“建设服务型政府说到底是要把人民的主权地位落到实处，即人民是公共权力的合法拥有者，政府是公共权力的受托者和代理者。尊重和保障公民的合法权利、维护和增进公民的正当利益是政府不可推卸的责任。一个受人民之托的政府，只有从人民的根本利益和现实需求出发治国理政，努力为公众提供方便、快捷、优质、高效的公共服务，才能获得合法性和正当性”。①

第四节 我国职业安全与健康监管新体制的行政运行机制

一、我国职业安全与健康监管新体制的行政运行机制设计思路

在我国现行的政治和行政体制框架下，如何健全行政运行机制，建立起权责统一、分工合理、决策科学、执行顺畅、监督有力

① 参见马国芳、刘洪：《近30年来政府职能转变历程及目前的定位研究》，载《云南财经大学学报（社会科学版）》第24卷第4期。

的行政管理体制，是一个值得我们不断思考和探索的问题。我国历次的行政管理体制改革，并没有完全达成这一目标，对这一问题的探索可以说才刚刚开始。本书对于我国职业安全与健康监管体制中行政运行机制设计的思考，主要从尽可能降低制度创新成本的角度考虑，在考虑不突破现有的政治和行政体制框架下，针对我国现阶段职业安全与健康监管体制中运行机制存在的突出问题，在行政组织结构内按照决策权、执行权、监督权适度分离的原则，合理配置各层级职业安全与健康监管部门的职能和权力，以期实现我国职业安全与健康监管组织体系内权责统一、分工合理和决策权、执行权、监督权既相互制约又相互协调的行政运行机制。

二、我国职业安全与健康监管新体制的行政运行机制特点

（一）将执行权从行政决策部门和监督部门中分离出来

在我国职业安全与健康监管新体制中，决策权的行使主要是国家职业安全与健康监管总局和省级职业安全与健康监管局，但二者决策权的效力范围不同。国家职业安全与健康监管总局行使的是代表全国公共利益的职业安全与健康立法和政策制定权，省级职业安全与健康监管局的立法和政策制定权只限于本省（自治区、直辖市）辖区范围内。监督权的行使除了我国既有的人大、纪委、行政监察和审计部门外，新体制重点突出由上一层级职业安全与健康监管部门对下一层级对口部门行使业务监督权，因此我国地级以上市职业安全与健康监管部门均被赋予业务监督权。例如国家职业安全与健康监管总局具有对省级职业安全与健康监管局的业务监督权；省级职业安全与健康监管局拥有对副省级市、地市级职业安全与健康监管分局的业务监督权；副省级市、地级市职业安全与健康监管分局拥有对市辖区及县级职业安全与健康监管办公室的业务监督权。执行权的行使主要是县级职业安全与健康监管办公室及经其授权的乡（民族乡、镇、街道）一级机构，县级以上职业安全与健康监管部门不再具有对微观经济主体的行政执法权和行政许可权。换句话说，新体制下县级职业安全与健康监管办公室的主要职能就是执行职能（或公共服务职能），这样就实现了我国职业安全

与健康监管执行职能与决策职能和监督职能的适度分离（并非完全分离，因为县级职业安全与健康监管部门依然由省级职业安全与健康监管局垂直领导），以解决我国当前职业安全与健康监管部门集政策的制定、执行和监督于一身，造成部门权力利益化后出现的决策失范、执行失度、公共利益受损等问题。

（二）将事故的调查处理权作为一种重要的监督权力上移一级配置

在事故的致因理论中，其中有一种以博德和亚当斯为代表的管理失误论者认为：如果管理者能够充分发挥管理职能，就可以有效地控制人的不安全行为和物的不安全状态，从而避免事故的发生。也就是说，安全事故的发生往往可以折射出企业在职业安全与健康管理方面的缺陷和政府在监管上的失误。事故调查和处理权力的行使过程就是通过事故调查组对事故发生后的细致调查和分析，找到企业和政府在管理和监管上存在的缺陷，并提出相应的责任追究意见，以相应的追责措施来推动企业改进职业安全与健康管理，督促政府监管部门加强监管，以避免同类事故的重复发生。因此事故调查和处理权力的行使就是对职业安全与健康监管部门的一种强有力的监督，事故调查和处理权本身就是一种监督权。在新的职业安全与健康监管体制中，由于执行权主要由县级职业安全与健康监管办公室来行使，笔者在运行机制的设计中将原来由县级职业安全与健康监管部门行使的一般安全事故的调查处理权上移一级至地级（或副省级）职业安全与健康监管分局承担，今后地级（或副省级）职业安全与健康监管分局不仅承担较大安全事故的调查处理职能，还承担一般安全事故的调查处理职能。其他重大、特大安全事故的调查处理权仍维持由省级职业安全与健康监管局和国家职业安全与健康监管总局行使不变。这一运行机制的调整，不仅加大了上级职业安全与健康监管部门对下级监管部门的监督力度，而且有效化解了下级职业安全与健康监管部门既当“运动员”又当“裁判员”的尴尬局面，有利于监管部门执法的公正性。

第六章

我国职业安全与健康监管体制创新的实现路径

本书在上一章对我国职业安全与健康监管新体制进行基本的制度设计后，本章将在对我国职业安全与健康监管体制创新的制度需求和制度供给影响因素理论分析的基础上，提出我国职业安全与健康监管体制创新的实现路径。

第一节　转变职业安全与健康监管的行政理念

改革的突破必须以观念的革新为先导。在我国新一轮的行政管理体制改革开启和建设服务型政府过程中，应着重引导我国职业安全与健康监管人员树立起与服务型政府相适应的行政理念。

一、从“全能政府”向“有限政府”转变

迷信政府权威，过于相信政府在各方面的支配力量，是计划经济体制下政府取代市场配置资源的重要思想根源。而实际上，政府干预并不总是有效的，正如英国著名经济学家亨利·西格维克所指

出的：并非在任何时候自发放任的不足都是能够由政府的干涉所能弥补的，因为在任何特别的情况下，后者的不可避免的弊端都可能比市场机制的缺点显得更加糟糕①。所以，为了更好地发挥政府在资源配置中的基础性功能，必须明确政府在社会主义市场经济中的角色定位，承认政府有所能有所不能，从“全能政府”向“有限政府”转变。我国的职业安全和健康监管部门在履行职能时首先要正确定位。一方面，不能“越位”。凡是公民、法人和其他社会中介组织能够自主解决的，市场竞争机制能够自行调节的，行业组织、中介机构通过自律能够解决的事项，除法律、法规另有规定外，政府不再过多实施行政干预。另一方面，也不能“缺位”，要确实担负起应尽的责任，包括建立健全职业安全与健康监管的法律、法规、标准和政策，依法管理和规范各类安全中介组织和职业安全与健康事务；对发生的各类危害职工生命安全与健康的事故进行调查和处理，维护社会秩序和稳定；组织提供职业安全与健康宣教知识产品和防护用品、管理知识咨询及防护技能训练等公共服务；制定事故灾害等方面的应急预案，建立突发事件的应急机制，提高处置突发事件的能力，确保人民群众生命安全与健康。第三，更不能“错位”，即本来应该由市场或企业解决的问题，政府却积极介入和干预（例如企业职业安全与健康管理机构的设置和人员的配备等），而需要由政府解决的比如从业人员的基本安全素质和防范技能教育等却投入严重不足。一些基层政府甚至为了减轻财政压力鼓励或变相鼓励职业安全与健康监管部门在提供公共服务时的各种创收行为，这些职业安全与健康监管部门职能“错位”现象必须得到纠正。

二、从“官本位”的权力服从观向“民本位”的权力服务观转变

服务型政府要求彻底摒弃“统治型政府”下“治民”和“为

---

① 参见柯红波：《建设公共服务型政府运行机制的个案调查与思考》，载《云南行政学院学报》2005 年第 6 期，第 55 页。

民作主”的官本位、政府本位、权力本位观念，而向“为民服务”和“人民作主”的公民本位、社会本位、权利本位理念回归。这就要求我国职业安全与健康监管人员不仅要改变传统行政模式下的“官重民轻”、“官显民微”心态，还必须形成这样一种意识：政府作为职业安全与健康监管和服务的提供者，其权力来源于人民，公民权利乃国家权力之本、行政权力之源，因此，在认识人民与政府的关系上，必须明确不是人民为了政府而存在，而是政府为了人民而存在，政府应当始终是最广大人民根本利益的忠实代表者和维护者，应当是亲民、爱民、富民、为民的政府。各级职业安全与健康监管部门在执政过程中，必须按照胡锦涛同志的要求，牢固树立“权为民所用、情为民所系、利为民所谋”的执政新理念，应当以人民高兴不高兴、答应不答应、满意不满意作为施政的标准，从“官本位”的权力服从观向“民本位”的权力服务观转变，彻底改变当前我国职业安全与健康监管领域普遍存在的“重监管、轻服务”的不良倾向，实现从“重监管、轻服务”向“监管与服务并重”的转变，实现监管与服务的有机结合，寓监管于服务之中，在服务中实施监管，在监管中体现服务，建设公众满意的政府。

三、从“统治”理念向“治理”理念转变

“治理”理念的提出标志着一种新的政府管理方式的出现。中国经历了漫长的封建社会，“统治”与“被统治”的观念根深蒂固。长期的计划经济体制、国家对社会的高度统合和中央集权，某种意义上形成了对国家和政府的“神话”。“全能政府”和“政府中心主义”正是“统治”理念的集中反映。正如本书第三章第三节所分析的，在我国职业安全与健康监管领域普遍存在的“全能政府”和“政府中心主义”的行政理念及一元化的治理模式，已导致政府陷入“治理失败”的困境。在经济全球化的浪潮和建设服务型政府的大背景下，我国职业安全与健康监管人员必须实现从“统治”理念向“治理”理念的转变，构建起政府、企业、公民个人（企业职工）、中介组织共同治理我国职业安全与健康监管问题的平台，真正实现职业安全与健康监管绩效的最大提升。

第二节 改革阻碍我国职业安全与健康监管体制创新的现有制度安排

按照新制度经济学的观点，由于“路径依赖”效应的存在，初始的或现行的制度安排往往会影响新的制度安排的选择和供给。正如本书第四章第二节分析所述，我国现有的诸如中央与地方之间的权力配置制度、上级对下级的绩效考核制度以及激励和约束制度等，严重阻碍着我国职业安全与健康监管新体制的制度供给，因此必须予以改革。

一、规范我国中央与地方之间的权力配置制度

目前，我国中央与地方政府之间的权力配置还没有相对明确的法律制度予以规范，正如薛刚凌所说，“我国中央与地方政府间权力的调整主要是通过政府内部文件进行，没有刚性规范的约束，往往导致了权力调整的随意性和非理性……”① 改革开放以来，地方政府的角色从完全的中央政府被动执行者到以主动追求区域经济增长为核心目标的发展型政府的转型，其内在的制度动力在于政府间权力结构的变迁。然而，由于前一轮权力配置变革主要通过中央政府的行政授权来主导，并没有从法律和制度层面上规范政府间的纵向权力配置，使得这种授权具有很大的随意性和不确定性，使得中央政府与地方政府的关系长期处于一种不稳定的状态。事实上，自分权改革以来，中央与地方权力的划分一直处于调整和变动之中。比如自20世纪90年代中期以来陆续将许多原来由“块管”的权力变成了“条管”，如工商、质量监督、税收等，这种权力调整以后还会继续下去。因此，在当前的形势下，各级政府要从经济发展型政府向公共服务型政府转变，更好地履行公共服务职能，必须进行新一轮的权力配置改革，在科学划分各级政府的责任和职能的基础

① 薛刚凌：《行政体制改革研究》，北京大学出版社2006年版，第178页。

上，合理配置政府间的权力并将其制度化、法律化，实现责权利相一致。只有具有稳定的权力配置制度，才能走出我国原有的权力多次反复收放的怪圈。

在我国职业安全与健康监管新体制的构想中，笔者按照权力下移，权责对等，决策权、执行权、监督权适度分离，事权与人权、财权相配套的原则，对我国各层级的职业安全与健康监管部门的纵向权力配置进行了初步设计。由于权力配置制度是我国职业安全与健康监管体制中的核心制度，直接决定着各层级职业安全与健康监管部门履职能力及行政运行机制畅顺与否，本书提出的这一新的职业安全与健康监管权力配置制度是否真正科学合理，还有待于在实践中检验。但笔者认为更为重要的是，这一监管权力配置制度在施行之初就应该上升到行政法规或部门规章的高度予以确认，使其具有相应的法律效力，让其能稳定实施一段时间，以避免我国行政管理常有的“长官意志”的过早干涉而胎死腹中。

二、改革我国现有的上级对下级的绩效考核制度

我国当前中央政府对地方政府、上级地方政府对下级地方政府的绩效考核还没有一个非常明确和规范的指标体系和考核标准，在经济发展型政府模式下，GDP 指标往往成为下级政府向上级政府显示政绩的最为重要和核心的指标。同时，职业安全与健康、计划生育、信访维稳、党风廉政等工作往往被纳入上级政府对下级政府绩效考核“一票否决”的考核项目中。在上级职业安全与健康监管部门对下级政府职业安全与健康监管部门绩效考核中，主要参照的指标是两项：一是本辖区是否发生了较大、重大或者特大安全事故；二是本辖区因安全事故全年死亡的绝对人数是否超过了上级政府设定的最低值。这两项考核指标的设定本身就缺乏科学性，一方面，安全事故的发生虽然可以通过各种相关主体的尽责和努力尽量减少，但完全避免难以做到，即便是当今世界最为发达的美国也没能做到这一点，因为事故的发生本身就具有一定的偶然性；另一方面，安全事故的发生频率与经济的发展呈非对称抛物线函数关系（本书第五章第二节已有论述），我国目前整体上处于工业化中级

阶段，安全事故多发是这一时期的重要特征，忽视经济发展因素片面强调绝对死亡人数的考核显然既不科学也不严谨。当前我国普遍实行的上级政府对下级政府以及上级职业安全与健康监管部门对下级职业安全与健康监管部门的绩效考核模式带来两种可怕后果：一是地方政府始终将经济发展和职业安全与健康监管工作对立起来，总认为加强职业安全与健康监管工作会阻碍地方经济的发展，因此在唯 GDP 论的绩效考核模式下，放松对职业安全与健康的监管往往成为许多地方政府的第一选择；二是基层职业安全与健康监管部门的官员对职业安全与健康监管工作越来越感到害怕，因为上级设定的绩效目标是一个无论怎样努力也不可能达到的标准，与其这样还不如不努力监管，或者在数字上做文章，或对各类安全事故隐瞒不报。笔者认为这两种可怕后果的出现主要源于不合理的上级对下级的绩效考核制度，与加强职业安全与健康监管的初衷是完全背离的，因此必须对我国现有的上级对下级的绩效考核制度进行创新。

在建设服务型政府的制度环境下，对我国地方政府和职业安全与健康监管部门绩效考核制度的改革，主要从以下四方面进行创新：（1）按照“以人为本”的原则，弱化 GDP 指标在整个绩效考核指标体系中的权重，按照建设服务型政府的要求，增加公众对政府提供公共服务的各项满意度指标，重构上级政府对下级政府的绩效考核指标体系；（2）尊重安全事故发生频率与经济发展的客观规律，将职业安全与健康监管绩效考核从上级政府对下级政府“一票否决”的考核内容中剔除，让地方政府各级官员从“高压力、严处理”的氛围中松绑，从而使得地方政府及其监管部门能够真正遵循职业安全与健康监管工作自身的规律来办事；（3）以亿元 GDP 安全事故死亡率指标、10 万从业人员安全事故死亡率等相对科学的指标替代安全事故绝对死亡人数指标，重构我国职业安全与健康监管部门上下级之间的绩效考核制度；（4）扩大政府绩效评估主体的范围，强调绩效评估过程中的各类职业安全与健康治理主体的共同参与，改变过去只有上级评估下级的单一做法，使得绩效评估工作真正实现对全体公众负责，而不只是对上级负责。

三、重构符合我国国情的职业安全与健康监管人员的激励制度和约束制度

在新制度经济学看来，制度的功能主要是指制度在现实经济活动中所发挥的激励和约束作用，这种作用从静态上体现为维系复杂的经济系统运转的作用，从动态上体现为推动经济持续增长的作用。我国的职业安全与健康监管人员为什么不愿去工作场所开展检查工作？我们的政府官员又为什么连分管职业安全与健康工作都不太情愿？这主要是制度出了问题，说明制度的激励和约束功能没能得到很好的发挥。因此要想改变这种状况，必须对我国职业安全与健康监管人员的激励制度和约束制度进行创新。

（一）建立公务人员激励与约束制度的必要性

政府公务人员也是“理性经济人”。我国对政府公务人员社会角色的制度安排暗含了“道德人”的假设，即假设他们在公务活动中能够无条件地全心全意为人民服务，不带有个人任何私利地认真遵循为人民整体利益服务的原则。在这一假设之下，伦理道德和意识形态教育就成为个人行为动力的唯一机制。事实上，如果人人都是大公无私的，也就不存在激励与约束的问题了，现实中一些政府公职人员的以权谋私行为和腐败现象也就无法得到合理的解释。公共选择理论学家布坎南从个人主义方法论出发，用“经济人”的行为模式分析政府的行政行为给了我们以启示。他认为政府官员也是以“理性经济人”的身份出现的，他们也是以自身效用最大化为行为准则的。这一假设显然比较符合目前中国的现实。在现实生活中，公务人员的目标函数不是单纯地追求社会公共利益的最大化，而是包括了追求更高的薪金、更高的职位、更多的闲暇时间等个人自利性动机，在无制度约束的情况下会把个人利益列入公务行为的考虑。基于公务人员“理性经济人”的假设，对于公务人员行为动机存在的与追求社会公共利益上的偏差问题，就不应该单纯地从官员的个人品质上去找原因，而是要转向激励与约束的制度安排上，看这种制度安排能否提供一种良性的动力和压力，引导个人的理性行为作出有利于社会公共利益的选择。

（二）加强对我国职业安全与健康监管人员的激励制度建设的路径

由于我国长期受计划经济体制和意识形态的影响，忽略了公务员“理性经济人”的特性，对国家公务人员的激励和约束主要采取以精神激励为主的激励制度和以纪律约束和道德约束为主的约束制度，激励和约束的手段及形式相对单一，加之在政府内部从上至下普遍存在着一种“公务人员必定滥用权力”的认识倾向，为保障政府权力不被滥用，制定严格规范的约束制度来实施对公务人员的监督就成为了主导，例如在奖惩制度设计上往往偏重于消极性的惩处措施以防范公务员在公务活动中出现严重的失职、以权谋私以及违反行政纪律等行为，而很少出现激励性的制度。当前在我国公务员管理制度中普遍存在着“重约束、轻激励”的现象，在职业安全与健康监管领域显得尤其突出。监督公务员行使权力无疑是正确的、必要的，有效的约束可以使公务员更加注意自身行为，但公务员也是“理性经济人”，也有自己的效用函数，只有监督约束及相应的惩罚是不够的，还应该大力强化激励机制，尤其是对当前我国职业安全与健康监管系统的公务员人员更应如此。笔者认为主要应从以下两方面进行加强。

1. *以利益激励为先*

当前我国一些政府机构行政效率低下，缺乏活力，腐败屡禁不止等现象的发生与对公务人员的利益激励不到位有很大关系。近些年来，由于经济改革成效显著，社会各阶层收入都有较大幅度的提高，社会部门阶层人员的工资收入远远高于公务员的工资，而当今我国政府的公务员均是通过考录选拔机制，千里挑一、万里挑一选拔出来的精英分子，放到其他行业也应该是高收入者。这种比较利益的不平衡，不仅严重挫伤了公务人员主动工作的积极性，而且更加刺激了他们对经济利益的渴望，从而诱发出更多的腐败行为。因此，提高我国效率、根除官员腐败，必须以利益为先重点强化对公务人员的利益激励。科学的利益激励制度，可以产生巨大的内在驱动力。以利益激励为就是要求：其一，合理增加公务人员的工资收入，赋予公务人员相对较高的比较利益，形成对有才能者的足够吸引力，并使公务人员过上较为优裕的生活，免去其因生存所需的困扰，让其将精力主要集中于工作之上；其二，以薪养廉。公务人职工资收入的提高，必然使公共权力执掌者在腐败机会出现的时候，不得不权衡利弊，不得不考虑他们可观的工资收入所形成的巨大预期成本。在预期收益可期的情况下，腐败的预期成本高于某些腐败的预期收益，腐败行为出现的几率必定大大减少。由此可知，较大幅度地提高公务人员的工资收入水平是抑制腐败行为的不可缺少的手段。

2. 以职位晋升激励为主

除了首先采用利益激励这种手段外，政府官员的行为还受其他高效度激励机制的引导，否则，既然不用投入任何成本，政府官员都能获得相对不错的固定收益，那么行政效率就不可能再提高了，显然这与实际情况并不吻合。泰尔勒就认为，对个人声誉、职位晋升、在私营部门谋职的可能性等构成了对政府官员行为的另一种激励途径。虽然低效度激励被看做是公共部门的共性，但是由于个人待遇的好坏通常与本人所处的职位高低有着密切的联系，职位晋升实际上可以被看做类似于利润分成这样的高效度激励措施。山东省济南市委组织部 2003 年的抽样调查显示，80.6% 的被调查者认为职位晋升是对公务员最有效度的激励措施①。针对当前我国职业安全与健康监管领域存在的“约束绰绰有余，激励严重不足”的现状，我们必须充分发挥职位晋升这种高效度激励手段的作用：（1）摒弃我国现有的由新提拔的或排名靠后的政府副职分管职业安全与健康监管工作的做法，改由党委常委、排名靠前的政府副职来分管。这一做法一方面可以体现政府对职业安全与健康监管工作的重视，更为重要的是，可以形成一种强烈的示范效应，让广大的职业安全与健康监管官员感到，分管职业安全与健康监管工作同样拥有极大的决策话语权，对个人声誉、职位晋升同样很有好处。（2）

---

① 参见胡晓东：《论美国联邦政府公务员的绩效考核——兼谈中国政府公务员绩效管理》，载《天津行政学院学报》2010 年 3 月，第 58 页。

在党政领导干部选拔任用工作中，专门出台相关制度规定，对有职业安全与健康监管从业经历的干部在同等条件下优先提拔使用；或者对有培养前途拟提拔使用的优秀人才，可以先放入职业安全与健康监管领域进行任职锻炼后再行提拔。这种做法可以让职业安全与健康监管人员在全体公务员队伍职务晋升中形成比较优势，以引导更多的公务员愿意从事职业安全与健康监管工作。（3）在省以下职业安全与健康监管部门实行由省垂直领导的体制后，充分授予省级职业安全与健康监管部门独立的人事任免权，建立起本系统内人才合理流动和上下定期交流制度，打开基层职业安全与健康监管人员的职位晋升空间。（4）基于职位资源本身的稀缺性和职业安全与健康监管工作的专业性，参照深圳市公务员实施职位分类改革的做法，率先在职业安全和健康监管领域内按照综合管理类、行政执法类、专业技术类进行公务员职位分类改革，后两者晋升渠道独立，待遇与行政职务级别脱钩，以破解长期困扰基层职业安全与健康监管人员职位晋升的“天花板”难题。

（三）进一步改革我国安全事故责任追究制度

对我国职业安全与健康监管人员的约束制度中除了对公务员普遍适用的通用约束制度外，最主要、影响最大的就是安全事故的责任追究制度，例如《国务院关于特大安全事故行政责任追究的规定》(国务院令第 302 号）以及各省、自治区、直辖市相继颁布的责任追究规定。当前这些行政法规和规章对职业安全与健康监管人员的责任追究都具有一个共同特征：过多地从政治统治功能考虑，而忽略了事故的发生与监管之间是否存在必然的因果关系，或责任者应承担的责任大小与其对预防事故的发生所作的努力程度是否相当等基本的法理原则，出现只要有较大以上安全事故发生，则必定有政府行政人员被追责的怪现象，从而导致职业安全与健康监管人员逐步失去了从事监管工作的内在驱动力。这种扭曲的安全事故追责制度必须予以改进：（1）纠正事故调查处理过度强调责任追究的错误做法，恢复事故调查处理的本来功能。事故调查处理是职业安全与健康监管的重要手段，其根本目的就是查找事故的可能原因，及时发现管理中存在的问题，为预防同类事故的再次发生而提出有针对性的建议措施。事故的责任追究则不应成为事故调查处理的主要任务。美国的运输事故调查中就没有行政责任追究的问题，他们认为，事故不是人们愿意或故意造成的，事故的发生是人的行为过失或科技、设备、设施缺陷所致。事故是反面教材，也是安全工作的宝贵财富，广泛吸取事故教训，总结血的经验，改进安全工作，预防未来事故，远比追究事故责任重要得多①。(2) 建立独立的事故调查机构，实施事故技术调查和司法调查的相对分离。我国现行的安全事故调查处理制度安排采用的是一种合作型的调查机构方式，即安全事故发生后，由各相关行政机关、司法机构、工会组织等联合组成事故调查组，这一制度安排满足了事故调查组的专业性和多样性需求，为调查工作的顺利进行提供了有效的专业和资源保障，但行政机关的过分介入限制了调查的公正性、独立性和权威性，尤其是扭曲了行政责任追究制度的本来面目。因此在进一步完善我国安全事故行政责任追究制度建设的过程中，一方面，我国应该建立独立的不受任何部门和单位干扰的事故调查机构，以确保事故调查处理的公正性和权威行；另一方面，实施事故技术调查和司法调查的相对分离，做到行政机关只负责安全事故的技术调查，司法机构负责司法调查和行政责任的追究，以期实现行政追责的法理性、科学性，真正发挥追责机制应该起到的正面导向功能。

① 参见张洪波：《美国事故调查的理念》，载《劳动保护》2003 年第 7 期，第 73 页。

参考文献

一、英文类

[1] A. Bartel, T. Lacy, Direct and Indirect Effects of Regulation. Journal of Law and Economics, 1995, 28, pp. 21-26.

[2] Boal W. M, the Effect of Unionism on Accidents in Coal Mining, 1897-1929, Drake University, 2003.

[3] Cary Coglianese, Jennifer Nash, Todd Olmstead. Performance-Based Regulation: Prospects and Limitations in Health, Safety and Environmental Protection. Administrative Law Review, 2003, (4), pp. 705-730.

[4] David Wailers, Ton Wilthagen, Per Langaa Jensen, Regulation Health and Safety Management in the European Union, Peter Lang Pub Inc, 2002, pp. 110-125

[5] Douglass C. North and Lance Davis. Institutional Change and American Economic Growth: A First Step Towards a Theory of Institutional Change, Journal of Economic History, Vol. 30,

March, 1970a.

[6] Douglass C. North and Robert P. Homas, An Economic Theory of the Western World, Economic History Review, Vol. 22, April, 1970b.

[7] Douglass C. North and Robert P. Homas, The Rise and Fall of the Manorial System: A Theoretical Model. Journal of Economic History, December, 1971a.

[8] Douglass C. North and Robert P. Homas, The Rise of the Western World: A New Economic History, Cambridge: Cambridge University Press, 1973.

[9] Douglass C. North. Institutions, Transaction Costs and Economic growth, Economic Inquiry, July 1987.

[10] Douglass C. North, Economic Performance Through Time. American Economic Review, 1994, 84 (3), pp. 359-368.

[11] Douglass C. North with C. Mantzavinos, Syed Shariq. learning, institutions and economic performance, Perspectives on Politics, Vol. 2, Mar, 2004, pp. 75-84.

[12] Edward S. Greenberg, Capitalism and the American Political Idea, Armonk, NY, 1985, pp. 76-80.

[13] Fisher, Ann, Lauraine. G. Chestnut, and Daniel. M. Violette. (1998), The Value of Reducing the Risks of Death : A Note on New Evidence. Journal of Policy Analysis and Management 8, 1, pp. 88-100

[14] Gray, Mendeloff, the Declining Effects of OSHA Inspections on Manufacturing Injuries: 1979 to 1998, NBER Working Paper, No: W9119.

[15] J. W. Ruser, R. S. Smith, Re-estimating OSHA's Effects: Have the Data Changed? . Journal of Human Resources, 1991, 26, pp. 212-235.

[16] K. Robert Keiser, The New Regulation of Health and Safety, Political Science Quarterly, 1980, 95, pp. 479-491.

[17] Lance Davis, Institutional Change and American Economic Growth, Cambridge: Cambridge University Press, 1971b.

[18] Michael J. Moore, W. Kip Viscusi, Promotion Safety Through Workers' Compensation: The Efficacy and Net Wage Costs of Injury Insurance. The Rand Journal of Economics, 1989, 20 (4), pp. 499-515.

[19] Michael S. Lewis-Beck, John R. Alford, Can Government Regulate Safety? The Coal Mine Example, The American Political Science Review, 1980, 74 (3), pp. 745-756.

[20] Oates. W. E. Fiscal Federalism, Harcourt Brace Jovanovich., 1972.

[21] OMB and OIRA, Regulation Plan and the Unified Agenda of Federal Regulations, Government Printing Officce, 2001.

[22] Pedro, Antao, Soares, Fault-tree Models of Accident Scenarios of RoPax Vessels, International Journal of Automation and Computing, 2006, 2, pp. 107-116.

[23] T. Schelling, the life you save may be your own. Problems in Public Expenditure Analysis, Washington. D. C.: Brookings Institution, 1968, pp. 127-162.

[24] W. Cooke, F. Gautschi, OSHA, Plan Safety Programs, and Injury Reduction, Industry Relations, 1981, 20 (3), pp. 245-257.

[25] W. Kip Viscusi, Employment Hazards: An Investigation of Market Performance, Cambridge. Mass., Harvard University Press, 1979.

[26] W. Kip Viscusi, the Impact of Occupational Safety and Health Regulation, the Bell Journal of Economics, 1979, 10 (1), pp. 117-140.

[27] W. Kip Viscusi, Product Liability and Regulation: Establishing the Appropriate Institutional Division of Labor, American Economic Review, 1988, 78 (2), pp. 300-304.

二、中文类

1. 著作

[1] V. W. 拉坦：《诱致性制度变迁理论．载科斯等．财产权利与制度变迁——产权学派与新制度学派译文集》，上海三联书店 1991 年版。
[2] V. 奥斯特罗姆、D. 菲尼、H. 皮希特：《制度分析和发展的反思》，商务印书馆 1992 年版。
[3] 戴维·菲尼：《制度的供给与需求》，载《制度分析与发展的反思》，商务印书馆 1996 年版。
[4] 丹尼尔·F. 史普博：《管制与市场》，上海三联书店、上海人民出版社 1999 年中文版。
[5] 道格拉斯·C. 诺斯：《制度、制度变迁与经济绩效》，上海三联书店 1994 年版。
[6] 道格拉斯·C. 诺斯：《经济史中的结构与变迁》，上海三联书店 1991 年版。
[7] 道格拉斯·诺斯、罗伯斯·托马斯：《西方世界的兴起》，华夏出版社 1999 年版。
[8] 丹尼尔·W. 布罗姆利：《经济利益与经济制度》，上海三联书店 1996 年版。
[9] 丹尼尔·W. 布罗姆利，陈郁等译：《经济利益与经济制度—公共政策的理论基础》，上海人民出版社 2006 年版。
[10] 丁煌：《政策执行阻滞机制及其防治对策——一项基于行为和制度的分析》，人民出版社 2002 年版。
[11] F. 泰勒：《科学管理原理》，团结出版社 1999 年版。
[12] 法乐尔著，曹永先译：《工业管理和一般管理》，团结出版社 1999 年版。
[13] 盖·彼德斯：《欧洲的行政现代化：一种北美视角的分析》，载《外国行政改革述评》，国家行政学院出版社 1996 年版。
[14] 郭济等：《政府权力运筹学》，人民出版社 2003 年版。
[15] 格里·斯托克：《作为理论的治理：五个论点》，社会科学文

献出版社 2000 年版。

[16] 哈罗德·孔茨、海因茨·韦里克：《管理学》，经济科学出版社 1998 年版。

[17] 胡乐明、刘刚：《新制度经济学》，中国经济出版社 2009 年版。

[18] 加布里埃尔·A. 阿尔蒙德等：《比较政治学：体系、过程和政策》，上海译文出版社 1987 年版。

[19] 科斯等：《财产权利与制度变迁》，上海三联书店 1994 年版。

[20] 林毅夫：《关于制度变迁的经济学理论：诱致性制度变迁和强制性制度变迁》，载科斯等：《财产权利与制度变迁——产权学派与新制度经济学派文集》，上海三联书店、上海人民出版社 1994 年版。

[21] 刘铁民主编：《中国安全生产 60 年》，中国劳动社会保障出版社 2009 年版。

[22] 卢现详：《西方新制度经济学》，中国发展出版社 2003 年版。

[23] 李景鹏：《权力政治学》，黑龙江教育出版社 1995 年版。

[24] 俞可平：《治理与善治》，社会科学文献出版社 2000 年版。

[25] 马克思、恩格斯：《马克思恩格斯选集》(第 2 卷)，人民出版社 1972 年版。

[26] 马克思、恩格斯：《马克思恩格斯选集》(第 2 卷)，人民出版社 1972 年版。

[27] 马克斯·韦伯：《官僚制》，载《国外公共行政理论精选》，中央党校出版社 1997 年版。

[28] 马克斯·韦伯：《经济与社会》，商务印书馆 1998 年版。

[29] 曼瑟尔·奥尔森著，陈郁等译：《集体行动的逻辑》，上海人民出版社 2003 年版。

[30] 诺斯：《制度变迁与美国经济增长》，上海三联书店 1976 年版。

[31] 诺斯：《制度变迁理论纲要》，中国城市出版社 1999 年版。

[32] 诺斯著，杭行译，韦森校：《制度、制度变迁与经济绩效》，上海三联书店 2008 年版。

[33] 沈荣华：《中国地方政府学》，社会科学文献出版社 2006 年版。
[34] 思拉恩、埃格特森：《新制度经济学》，商务印书馆 1996 年版。
[35] 斯蒂格利茨：《政府为什么频繁干预经济》，中国社会科学出版社 1998 年版。
[36] 施雪华：《政府职能论》，浙江人民出版社 1998 年版。
[37] 隋鹏程等：《安全原理》，化学工业出版社 2005 年版。
[38] 汪洪涛：《制度经济学：制度及制度变迁性质解释》，复旦大学出版社 2009 年版。
[39] 吴爱明、谢庆奎：《当代中国政府与政治》，中国人民大学出版社 2004 年版。
[40] 王振民：《中央与特别行政区关系——一种法治结构的解析》，清华大学出版社 2002 年版。
[41] 王绍光：《煤矿安全生产监管：中国治理模式的转变》，载《比较第 13 辑》，中信出版社 2004 年版。
[42] 谢地等：《规制下的和谐社会》，经济科学出版社 2008 年版。
[43] 辛传海：《中国行政体制改革概论》，中国商务出版社 2006 年版。
[44] 薛刚凌：《行政体制改革研究》，北京大学出版社 2006 年版。
[45] 杨小云：《新中国国家结构形式研究》，中国劳动和社会保障出版社 2004 年版。
[46] 张建东、陆江兵主编：《公共组织学》，高等教育出版社 2003 年版。
[47] 赵震江：《分权制度与分权理论》，四川人民出版社 1988 年版。
[48] 珍妮特 · V. 登哈特、罗伯特 · B. 登哈特著，丁煌译：《新公共服务—服务，而不是掌舵》，中国人民大学出版社 2004 年版。
[49] 张红凤、杨慧：《西方国家政府规制变迁与中国政府规制改革》，经济科学出版社 2007 年版。

[50] 张志红:《当代中国政府间纵向关系研究》,天津人民出版社2005年版。
[51] 郑传坤:《现代行政学》,重庆大学出版社1997年版。
[52] 郑戈主编:《韦伯:法律与价值》,上海人民出版社2001年版。
[53] 中央机构编制委员会办公室、《中国行政改革大趋势》编写组编:《中国行政改革大趋势》,经济科学出版社1993年版。
[54] 诺曼·尼科尔森:《制度分析与发展的现状》,载《制度分析与发展的反思》,商务印书馆1996年版。

2. 期刊

[1] 钟群鹏、吴素君等:《我国安全生产工作的体制、机制和自主创新的若干思考及建议》,载《中国安全生产科学技术》2006年6月第2卷第3期。
[2] 梁嘉琨:《完善安全生产监管体制的若干思考》,载《安全与健康》2006年第19期。
[3] 肖兴志、陈长石:《规制经济学理论研究前沿》,载《经济学动态》2009年第1期。
[4] 潘石、尹滦玉:《政府规制的制度分析与制度创新》,载《长白学刊》2004年第1期。
[5] 刘铁民、耿凤:《市场经济国家安全生产监察管理体制研析》,载《劳动保护杂志》2000年第10期。
[6] 赵冬花:《日本职业安全保障体制》,载《中国煤炭》2002年第12期。
[7] 黄盛初、郭馨、彭成:《欧洲职业安全与健康状况综述》,载《中国煤炭》2005年第3期。
[8] 陈鲁、单保华:《德国职业安全健康管理模式及特点》,载《铁道劳动安全卫生与环保》2004年第6期。
[9] 俞佳:《加拿大职业安全与健康综述》,载《现代职业安全》2004年第9期。
[10] 李孝亭:《英国的职业安全状况分析》,载《中国煤炭》2001年第6期。

[11] 吴伟:《美国的职业安全管制及其对中国的启示》，载《国家行政学院学报》2006年第3期。

[12] 方黎明、任洁:《美国职业安全与健康管理署规划措施浅析》，载《安全生产》2006年第2期。

[13] 程映雪、向衍荪、刘铁民、陈正桥、徐向东:《社会主义市场经济条件下我国劳动安全卫生策略研究（1)、(2)、(3)、(4)、(5)、(6)》，载《劳动保护科学技术》，1995年第15卷第1、2、3、4、5、6期。

[14] 韩小乾、王立杰:《论市场经济体制下的安全生产监督管理工作》，载《中国安全生产科学学报》2001年10月第5期。

[15] 毛海峰、贾根武:《从安全生产管理体制到安全生产运行机制》，载《中国安全科学学报》2002年2月第1期。

[16] 周学荣:《生产安全的政府管制问题研究—以我国煤矿企业生产安全的政府管制为例》载《湖北大学学报（哲学社会科学版)》2006年第5期。

[17] 乔庆梅:《我国安全生产监督管理问题探析》，载《中国软科学》2006年第6期 。

[18] 程启智:《问责制、最优预防与健康和安全管制的经济分析》，载《中国工业经济》2005年第1期。

[19] 常凯:《关于中国工业事故频发的法律分析》，载《工会理论研究》2005年第2期。

[20] 谢地、何琴:《职业安全规制问题研究:基于法经济学的视角》，载《经济学家》2008年第2期。

[21] 左金隆:《创立初期的诺斯制度变迁理论述评》，载《牡丹江教育学院学报》2007年第5期。

[22] 左金隆:《诺斯制度变迁理论方法论探析:修正的新古典经济学范式》，载《经济经纬》2005年第6期。

[23] 腾详志:《论诺斯三位一体的制度变迁理论》，载《学术论坛》1997年第5期。

[24] 刘和旺、颜鹏飞:《论诺斯制度变迁理论的演变》，载《当代经济研究》2005年第12期。

[25] 马广奇：《制度变迁理论：评述与启示》，载《生产力研究》2005 年第 7 期。
[26] 赵志峰：《对制度变迁理论的新发展及假设前提的评述》，载《财经理论与实践》2006 年第 6 期。
[27] 王小映：《马克思主义与新制度经济学制度变迁理论的比较》，载《中国农村观察》2001 年第 4 期。
[28] 周小亮：《马克思与诺斯制度变迁理论的差异及其对我国改革的启示》，载《东南学术》1998 年第 4 期。
[29] 王松梅：《马克思与诺斯：制度变迁理论的相互补充》，载《求实》2003 年第 4 期。
[30] 丁煌、柏必成：《论我国农村税费改革的内在机理与逻辑—以制度变迁理论为视角》，载《湖北行政学院学报》2007 年第 3 期。
[31] 曲延春：《农村公共产品供给制度的困境与创新—以制度变迁理论为分析框架》，载《改革与战略》2007 年第 2 期。
[32] 程映雪、向衍荪、刘铁民、陈正桥、徐向东：《社会主义市场经济条件下我国劳动安全卫生策略研究（1）、（2）、（3）、（4）、（5）、（6）》，载《劳动保护科学技术》1995 年第 15 卷第 1 期、第 2 期、第 3 期、第 4 期、第 5 期、第 6 期。
[33] 余晖：《监管热的冷思考》，载《公共政策评论》2006 年第 3 期。
[34] 李建蔚：《体制的基本概念》，载《经济改革文摘》1985 年第 2 期。
[35] 柯舍：《体制、政治体制、社会主义政治体制——概念研究综述》，载《学校思想教育》1988 年第 3 期。
[36] 杨汇智：《诺斯制度变迁理论考察：方法论的视域》，载《求索》2005 年第 8 期。
[37] 杨瑞龙：《论制度供给》，载《经济研究》1993 年第 8 期。
[38] 詹姆斯·马奇、约翰·奥尔森：《新制度主义：政治生活中的组织因素》，载《经济社会体制比较》1996 年第 1 期，原载于《美国政治科学评论》1984 年第 3 期，总第 78 卷。

[39] 韩玲梅、黄祖辉:《“政策失败”、比例失衡与性别和谐—农村妇女参与村民自治的新制度经济学分析》,载《华中师范大学学报(人文社会科学版)》2006年第4期。
[40] 杨得前:《新制度经济学视角下的我国农村税费制度变迁》,载《农业经济》2005年第6期。
[41] 耿凤、刘铁民:《安全生产五十年——历史回顾与分析》,载《中国职业安全卫生管理体系认证》2001年第2期。
[42] 孙柏瑛:《我国行政权力运行机制设计的初步建议》,载《中国行政管理》2002年第4期。
[43] 马国芳、刘洪:《近30年来政府职能转变历程及目前的定位研究》,载《云南财经大学学报》(社会科学版)第24卷第4期。
[44] 丁煌、郑雪峰:《我国小煤矿“关而不死”现象的制度变迁分析》,载《云南行政学院学报》2009年第3期。
[45] 郑雪峰、丁煌:《风险社会语境下我国安全生产网络状治理模式初探》,载《湖北行政学院学报》2010年第2期。
[46] 张振东:《市场经济与政府职能定位》,载《北京交通大学学报(社会科学版)》2009年第1期。
[47] 张迪:《论公共权力与利益的关系》,载《云南社会科学》2003年第5期。
[48] 中国行政管理学会课题组:《建立权力运行制约机制的理论分析和构想》,载《中国行政管理》2002年第4期。
[49] 付小随:《行政决策、执行和监督相互协调改革与地方行政管理体制创新》,载《广西社会科学》2004年第12期。
[50] 刘铁民:《基于计量经济学理论对安全生产工作认识(二)》,载《中国安全生产科学技术》2009年第1期。
[51] 王亮:《生命的经济价值解析》,载《开放导报》2004年2月第2期。
[52] 石磊:《人命几何—政策分析中如何确定生命的市场价值》,载《青年研究》2004年第4期。
[53] 陆玉梅:《人的生命经济价值的探讨》,载《常州技术师范学

院学报》1998 年第 3 期。

[54] 宋雪峰:《理性官僚制在中国行政文化中的运行分析——一种行政生态学的角度》,载《中共杭州市委党校学报》2009 年第 2 期。

[55] 刘铁民:《安全生产对国家经济社会发展具有重大影响》,载《劳动保护科学技术》1999 年第 5 期。

[56] 杨彦:《强制性制度变迁中中央与地方关系的博弈分析》,载《湖南行政学院学报（双月刊)》2006 年第 2 期。

[57] 郑永年等:《论中央—地方关系:中国制度转型的一个轴心问题》,载《当代中国研究》1994 年第 6 期。

[58] 王文华:《中央与地方财政关系的博弈分析》,载《社会科学研究》1999 年第 2 期。

[59] 柯红波:《建设公共服务型政府运行机制的个案调查与思考》,载《云南行政学院学报》2005 年第 6 期。

[60] 段伟文:《面向风险社会的公共政策架构》,载《求是学刊》2003 第 5 期。

[61] 梅继霞:《建立政府公务人员激励与约束机制探析》,载《探索》1999 年第 5 期。

[62] 胡晓东:《论美国联邦政府公务员的绩效考核—兼谈中国政府公务员绩效管理》,载《天津行政学院学报》2010 年 3 月。

[63] 张洪波:《美国事故调查的理念》,载《劳动保护》2003 年第 7 期。

3. 学位论文

[1] 张秋秋:《中国劳动安全规制体制改革研究》,辽宁大学 2007 年博士学位论文,指导教师:林木西。

[2] 王磊:《中国职业安全规制改革研究》,辽宁大学 2009 年博士学位论文,指导教师:林木西。

[3] 王致兵:《劳动安全监管的经济学分析》,吉林大学 2009 年博士学位论文,指导教师,谢地。

[4] 游梦华:《制度变迁与新时期广东报业发展研究》,暨南大学

2007年博士学位论文，指导教师：黄德鸿。

[5] 王晓芳：《运输政策变迁的制度分析》，北京交通大学2006年博士学位论文，指导教师：欧国立。

[6] 马斌：《政府间关系：权力配置与地方治理》，浙江大学2008年博士学位论文，指导教师：陈剩勇。

[7] 刘志欣：《中央与地方行政权力配置研究》，华东政法大学2008年博士学位论文，指导教师：孙潮。

4. 文件

[1] 卫生部办公厅2009年5月发出的《关于2008年全国职业卫生监督管理工作情况的通报》(卫办监督发［2009］86号)。

[2] 中共中央 国务院印发《关于深化行政管理体制改革的意见》的通知，国务院公报，2008年第11期。

[3] 国务院关于机构设置的通知，国发［1998］5号。

[4] 国家安全生产监督管理局主要职责内设机构和人员编制规定的通知，国办发［2005］11号。

[5] 国务院办公厅关于印发国家安全生产监督管理总局主要职责内设机构和人员编制规定的通知，国办发［2008］91号。

[6] 胡锦涛：《高举中国特色社会主义伟大旗帜 为全面建设小康社会新胜利而奋斗》中国共产党第十七次全国代表大会的报告。

[7] 广东省人民政府办公厅印发广东省安全生产监督管理局职能配置内设机构和人员编制规定的通知，粤府办［2007］52号。

[8] 国务院办公厅印发了《国家煤矿安全监察局主要职责内设机构和人员编制规定的通知》，国办发［2005］12号。

[9] 国务院办公厅关于印发铁道部职能配置内设机构和人员编制规定的通知，国办发［1998］85号。

[10] 国务院办公厅关于印发工业和信息化部主要职责内设机构和人员编制规定的通知，国办发［2008］72号。

[11] 国务院办公厅关于印发住房和城乡建设部主要职责内设机构和人员编制规定的通知，国办发［2008］74号。

[12] 国务院办公厅关于印发卫生部主要职责内设机构和人员编制

规定的通知，国办发［2008］81号。
［13］国务院办公厅关于印发人力资源和社会保障部主要职责内设机构和人员编制规定的通知，国办发［2008］68号。
［14］国务院办公厅关于印发国家质量监督检验检疫总局主要职责内设机构和人员编制规定的通知，国办发［2008］69号。
［15］国务院办公厅关于印发交通运输部主要职责内设机构和人员编制规定的通知，国办发［2009］18号。

5. 网络资料

［1］数据显示中国超过日本成为全球第二大经济体，http：//www. 022net. com/2010/8-16/483458262967619. html。
［2］国家安全生产监督管理总局网站，事故快报栏目，http：//www. chinasafety. gov. cn/newpage/。
［3］摘录自国家安全监管总局网站，http：//www. chinasafety. gov. cn/zxft/zxft/allRecord. jsp？ aid=12。
［4］记者彭嘉陵：《山西忻州煤监局违规超标建房买车中央立案调查》，http：//news. sohu. com/20070209/n248136252. shtml。
［5］《广西南丹"7·17"特大透水事故调查报告》，http：//www. anhuisafety. gov. cn/main/model/newinfo/newinfo. do？ infoId = 2098。
［6］记者张恩：《山西规定矿难死亡矿工赔偿标准不得低于20万元》，http：//www. gxnews. com. cn/staticpages/20041216/newgx41c0f3f5-291881. shtml。
［7］《安监总局：煤矿事故基本死亡赔偿不低于20万》，http：//www. ce. cn/xwzx/gnsz/szyw/200802/01/t20080201_14439127. shtml。
［8］记者汪群均：《明年起安全事故中职工死亡补偿金不低于34.6万》，http：//news. sina. com. cn/c/2010-07-20/195020720632. shtml。
［9］《深圳市政府机构改革启动将精简1/3部门》，http：//news. sina. com. cn/c/2009-08-01/040518341205. shtml。
［10］周慧：《我国安监体制五问题》，http：//news. qq. com/a/20060717/000405. htm。

[11] 李毅中:《坚持依法治安重典治乱，落实两个责任制》，http://news.163.com/07/0214/13/37A1AEDC000120GU.html。

[12] 李毅中:《"六不"是煤矿安全大敌 腐败充当了保护伞》，http://www.chinanews.com.cn/news/2005/2005-12-23/8/669360.shtml。

[13]《深圳公务员实施职位分类和聘任制》，http://www.gd.xinhuanet.com/newscenter/2010-02/04/content_18955730.htm。

附

攻博期间发表的与学位论文相关的学术成果

1. 丁煌、郑雪峰：《我国小煤矿“关而不死”现象的制度变迁分析》，首载《云南行政学院学报》2009年第3期，被中国人民大学复印报刊资料《公共行政》2009年第8期转载。

2. 郑雪峰、丁煌：《风险社会语境下我国安全生产网络状治理模式初探》，载《湖北行政学院学报》2010年第2期。

3. 2009年5月23—24日，随同导师丁煌教授参加了由中国人民大学公共管理学院和中山大学政治与公共事务管理学院共同举办的第二届中国青年行政学者论坛—风险社会及其有效治理学术研讨会，并向大会提交了《风险社会与我国安全生产治理模式创新》论文。

后　　记

六年的艰辛，六年的磨砺，当我停笔的这一刻，心中顿生无限感慨。读博一直是我未圆的一个梦想，我的硕士导师廖展如先生当年勉励我继续读博的话语至今还清晰在耳。当我义无反顾地登上南下列车的这一刻，这一梦想就被我隐藏心底。经过在深圳7年行政管理岗位的实践锻炼，我愈发觉得自己在公共管理理论知识方面的匮乏，继续读书和学习的愿望再次萌发。2004年，经过努力，我如愿以偿地进入到武汉大学政治与公共管理学院攻读博士学位，师从学识渊博、年轻有为的丁煌教授。考上博士生是兴奋的，但在职攻读博士学位却是异常艰难的。说实话，攻读博士学位的这六年，既要承受工作的重压、家庭的重担，还要备受学业的煎熬，感觉每一天都是那样的漫长，那样的难熬，放弃的念头多次闪现。然而，今天我之所以还能将这本论著呈现在大家面前，不是我自己的水平有多高，有多坚强，关键是有太多鼓励、帮助、支持我的人，没有他们，我不可能顺利完成学业，成就梦想。在走过这段艰苦岁月之后的今天，我要向所有鼓励我的人、帮助我的人、支持我的人表示我最崇高的谢意。

首先，我要对导师丁煌先生致以我最崇高的谢意。丁老师高尚的人格、渊博的学识、待人的热忱、达观的态度，都使我十分敬仰。每当我泄气的时候，丁老师总是用“你能为你可爱的儿子树立什么样的榜样?”来激励我；每当我困惑和举步维艰的时候，他总是悉心指导、倾心解惑，我的学位论文从选题、开题，到确定大纲，直至最后定稿，丁老师都倾注了大量心血，没有他的不断鼓励、指点、督促、鞭策，我不可能完成我的学位论文。丁老师无疑是严格的，做他的弟子，我总是诚惶诚恐。因为我从理科转学文科，跨度之大，基础之弱可想而知。但丁老师始终对我不嫌弃、不抛弃、不放弃，为我悉心点拨学习方法，精心挑选研读书目，推荐参加学术活动，一步步指引着我不断前行。没有丁老师的精心栽培，热情提携，我就不可能成就自己的梦想，有幸能成为丁老师的弟子，真是我一生的荣幸！

我要感谢李和中、刘家真、吴湘玲、陈广胜、倪星教授，这几位教授在我攻博期间，除了在学业上为我传道、授业、解惑，更在精神上给予了我极大的鼓励和帮助。各位老师在我的开题报告会上，都对我的论文提出了许多宝贵的建议。教授们的这种严谨认真的治学态度、诲人不倦的高尚人格，让我永生难忘。

我还要感谢我单位的领导及各位同事，他们为我创造了一个良好的学习环境，并额外承担了许多本该由我承担的工作，没有他们的支持，我无法想象能在规定的时间内完成学业。我也要感谢我的好朋友彭小坤、许洁夫妇，正是你们的不断帮助和支持，增加了我一路前行的勇气和信心；还要感谢方国威、王芳、黄立敏、王卫、邹广等同学，你们始终走在我的前面，为我引路，并一路扶持。

最后，要特别感谢我的妻子、父母，你们在我攻博期间毫无怨言地承担起了所有照顾家庭、教育孩子的重担，你们的默默奉献和支持是我能走完全程最重要的力量。还要特别感谢我那可爱的儿子，正是你的聪颖、活泼、好学、上进，给了我力争上游的无穷动力。

郑雪峰

2010年10月于珞珈山